京味儿 食足

崔岱远 著

三联书店

图书在版编目（CIP）数据

京味儿食足／崔岱远著．—北京：
生活·读书·新知三联书店，2012.11（2018.3 重印）
ISBN 978-7-108-04179-1

Ⅰ.①京… Ⅱ.①崔… Ⅲ.①饮食-文化-北京市 Ⅳ.①TS971

中国版本图书馆 CIP 数据核字（2012）第 177934 号

责任编辑 张 荷
封扉设计 朴 实
责任印制 卢 岳
出版发行 生活·讀書·新知 三联书店
（北京市东城区美术馆东街 22 号）
邮 编 100010
网 址 www.sdxjpc.com
经 销 新华书店
印 刷 山东临沂新华印刷物流集团有限责任公司
版 次 2012 年 11 月北京第 1 版
2018 年 3 月北京第 4 次印刷
开 本 880 毫米 × 1230 毫米 1/32 印张 4.5
字 数 100 千字
印 数 18,001-21,000 册
定 价 23.00 元

小椿树，椿芽黄，

掐了椿芽香又香，

炒鸡蛋，拌豆腐，

又鲜又香你尝尝。

…………

——引自北京童谣

目录

茶余饭后

京城的味道从哪来（代序）

大凡饮食繁盛发达的地方，几乎都是物产极其丰饶的地区。比如黄河三角洲诞生了鲁菜，长江三角洲诞生了苏菜，珠江三角洲诞生了粤菜……这些地方无一例外都是从天上飞的、地上跑的、山上长的，到河里游的、海里潜的样样齐全。川菜的诞生地虽然远离海洋，却是自古就号称天府之国是富饶所在。

可北京城产什么呢？除了树上的香椿、院子里的石榴等等几样可怜巴巴的鲜货，京城里几乎什么都不产。况且，即使是香椿树和石榴树现在也是越来越少见，越来越稀罕了。

然而，京城里却几乎什么吃食都不缺，有道是“饮食佳品，五味神尽在都门”。几百年来北京城从来都是百货云集、名肴汇聚。为什么呢？道理很简单，因为这里是中华大地的“首善之区”。

京城里云集着来自东西南北的物产，汇聚了全国各地的精英，更凝结了中华文明的精粹。难怪百余年前的法国作家维克多·谢阁兰游历了大半个中国之后来到北京，激动地给音乐家德彪西写信发出这样的感慨："整个中华大地都凝聚在这里。"

几百年来，北京不仅是中国的政治之都，更是中华文化的中心。而饮食习俗不仅积淀着一个民族的文化和心理，更是一种文明发展历程中最生动、最鲜活的生活展现。这么说来，仔细琢磨一下北京人怎么做，怎么吃，也就能对我们的文化窥见一斑了。

要说北京的吃食有什么与众不同之处，那首当其冲就得说是大菜小吃里无处不在的宫廷的影子。这听起来好像有点玄乎，可却一点都不夸张。不是吗？就连卤煮火烧、麻豆腐这样的粗蔬粝食追根溯源都和御膳房有着千丝万缕的联系，更甭提白煮肉、烤鸭、涮羊肉了。

所谓宫廷菜，确切地说就是清代紫禁城御膳房的菜。清代的宫廷菜有这么几个来源：一是继承了明代御膳房的菜肴，其中大部分是山东菜；再就是满族、蒙古族特有的风味菜；还有一部分从各地民间传进宫里经过精雕细刻的各地民间菜和风味小吃，就像豌豆黄儿、肉末儿烧饼等等。宫廷菜从来不是养在深闺人不知，而是被那些接近宫廷的达官贵人以及他们的跟班、随从们所追捧和效仿进而影响到整个京城的饮食风尚。特别是清王朝的灭亡使得原来那些宫廷御厨们流落到市井街巷之中，而这些人几乎全都凭着自己的手艺在市面上谋生，也就自然让宫廷的口味融入了京城里平民百姓的日常生活。

菜是给人吃的，可京城里五方杂处，天南海北哪儿的人都有。即使是所谓老北京也并不能说是祖辈世居，只不过是早些年迁进来，或者晚几代移过来而已。北京的文化有着某种奇特的融合力，不管您是从哪儿来的，只要在这住上几辈子，就会被这座城市特有的情调所感染，所融化，进而也就成了老北京了。这种奇妙的融合力体现在吃上就是可以满足八方口味，让不同地域、不同阶层、不同民族的人士都能在这里享受到口福。

一说起吃，就不能不聊聊下馆子。京城里常下馆子的自然不是平民百姓，可也并不是王公贵族。王公贵族的府里有自己的家厨，请客吃饭并不上街。在京城里经常下馆子的是那些在京为官的、来京办事的、进京谋前程的人，还有他们的随从、跟班以及形形色色在京城里走动的人们。由于历史的原因和地理因素，烹调技法全面、风格庄重大气的山东菜不仅口味中庸，而且和京城的文化氛围非常融合，因此得以在京城的馆子里风光了几百年，成为北京菜的重要组成部分。而北京当地的清真菜、清末民初大量流入北京的江南菜，以及个别四川菜、广东菜、福建菜等等各地佳肴起到了很好的补益。不过，这些菜传进北京后也已不再完全是原先的口味，而是兼容博采，有了许多变化和发展。就像北京化了的鲁菜融进了江南菜的口味，一些清真菜也借鉴了鲁菜和苏菜的手法。在京城里各地菜肴彼此交融、重组、创新，其中的“我”和“你”只是相对而言的。这些菜肴有一些红火了两三年即被淘汰，而另一些得以长久保留下来。保留上半个多世纪，也就演变成了京味儿菜。

然而，皇宫大内也好，百年老字号也罢，都并不能囊括京味儿菜的神韵，真正地道的京味儿深深地融化在百姓居家过日子的家常便饭中，融化在胡同深处那些走街串巷的吆喝着卖小吃的推车里。

北京在一个比较长的时期里社会相对稳定。红墙底下生活的大多数人过着简朴而温暖的日子，一过就是三辈子五辈子。作为一座大型消费城市，这里的老百姓大多是直接或间接为各级衙门或文化机构服务的。耳濡目染之间上层社会的生活方式潜移默化地影响着他们，这就形成了北京人独特的生活态度和生活方式。比如在吃上，不管是有钱的还是没钱的都挑剔却并不奢侈，实诚而又讲究品位，简朴里透着尊重与体面。他们过着平凡的日子，也追求着朴素的享受。兴许一顿可口的饭菜就能让他们觉得日子有了奔头儿，给他们平淡的生活添上几分乐趣。尽管这座城市的主宰者不断更迭，然而平民百姓永驻。正是这些普通人家活生生的生活，给北京留下了最宝贵的遗产，同时也把自己的个性融化进了这座伟大的城。

如今，人们的家庭结构已经发生了很大变化，饮食习惯也在不断演变着。那些朴素、典雅、精致的美味有些还在，有些已经似是而非，而有些已然随风而逝了。人们缅怀那悠远的芳香，因为那些饭菜难以抵御的魅力记叙着最真切的日子，记叙了温馨、醇美的流光。那些街头巷尾绚丽多姿的市井生活之精彩绝不逊色于红墙里的那些巍峨的宫殿和庙宇。毕竟，对美味的体验来源于对生活的热爱，而这种热爱正是支撑生命的不竭动力之一。

现在人们每每惆怅，井喷式的发展已经让北京的京味儿越来越淡了。那么京味儿到底是什么？所谓京味儿不仅仅是故宫、胡同、四合院，也不只是京戏、相声、吆喝声，更不单单是烤鸭、涮羊肉、豆汁、焦圈儿等等大菜小吃。京味儿是一种生活—— 一种北京人特有的生活方式和生活态度。她深深融入这座城市的骨子里，成为北京的精气神。作为北京人我们怀恋她，爱惜她，不希望她随风消散，那么我们首先就应该努力赋予她新的生命。

饮食是艺术。早在《四库全书总目》里，有关饮食的书籍就与琴棋书画归于一类。饮食更是文化，是悠久灿烂文明的重要组成部分。所谓“文”就是传统，就是规矩；而所谓“化”就是把那些规矩融入现实生活之中。我想，文化的真意莫过于此。我们为什么不寻找发掘，让那么些充满人间烟火、经过几辈子人形成的规矩、文化为我们今天的生活服务呢？文化魅力在让生活更幸福，并在活生生的生活中走向未来。正基于此，我想用文字留住北京民间最根本的味道，因为那里包含了太多的质朴与隽永，饱含着从容而醇厚的温情。

我从不否认今天城市发展的文化意义。恰恰相反，我们的每座城市都正形成着新的文化特质。但对于那些积淀了几百年的优秀传统，是否仍有一些值得守望？也许并不是一定要保留某一两样大菜小吃，要保留的只是一种值得留住的情调韵味。若能如此，我们的生活岂不更有滋有味？

对于现在您手上的这本小册子，您不必抽出大块时间太正儿八经地阅读，也不必非得一口气把它看完。您可以在下班途中的车上随便翻开一篇，或者在午后的闲暇时光里沏上一杯香茶，在茶雾缭绕中读上一两段，然后咂摸咂摸嘴，品品味儿，就像是尝一道小吃，或是看一幅画儿。也许看着看着，就能让您想起点儿什么，或者回味出其中若隐若现的味道吧！

崔岱远

2011年初冬

四合院里

滋润莫过家常饭

吃东西图个新鲜劲儿。特别是菜蔬果品，越是刚摘的蕴含的本味越纯，也就越鲜美可人。对于一个口高的人来说，一尝就能知道哪个菜是刚摘下来的，哪个是在车里捂了大半天的。

不过作为城市的京城在这方面却显得有些先天不足。虽说是“五方杂处，百货云集”，可云集到这里的货物几乎都是大老远的从城外运进来的，最近也得是郊区县，当然很难吃到刚摘下来的鲜菜鲜果了。记得几年前，我第一次吃到从树上摘下来的熟透了的桃子，才明白桃子应该是个什么味儿。

或许正是因为对乡土气息的渴望，生活在农业文明首善之区的北京人从骨子里就有一种亲近田园的情结，一种崇尚自然的生活态度。尤其是在四合院里，别看地方不大，但总会因地制宜，变着法地种上点什么。为了吃，也为了看，更为了营造那种悠然自在的诗一般的气氛。

1.

香椿是京城里一年中最早能见到的时令鲜蔬，更是四合院可以出产的难得美味。北京人历来特别好这口儿，以至于京城的大街小巷许多都是用香椿来命名的。像长椿街、椿树街、椿树巷，还有香椿胡同、椿树院、椿树馆等等。吃香椿在北京话里被说成“吃春”。这可不是单单为省个字，因为在北京人心目中，四时节令是可以实实在在用嘴来吃的。“观乎天文以察时变”的道理就这么生动地融在他们的日子里。

谷雨时节，经过一夜无声春雨，四合院里的几棵香椿树上变戏法似的滋出了一簇簇紫红紫红的嫩芽。顿时，满院子都飘荡着浓郁的馨香。不过大人孩子们并不急着去摘。真正懂吃的人是不会暴殄天物的。他们会时不时抬起头，盼着那芽叶再长长，等到长到两寸来长，略微变绿的时候，就可以用长长的竹竿打下来，品尝这洋溢着春意的浓馥鲜香了。

香椿的吃法很多。您可以把摘下来的香椿芽洗净了沥干水分，稍稍揉搓上些精盐，在调好的面糊中蘸匀了，放在热油里炸成金裹翠玉般的“香椿鱼儿”；也可以略微焯焯后切成碎末儿拌块大豆腐；还可以切成小粒，和焖得稀烂的黄豆拌在一起，点上几滴香油做成芳香醇美的香椿豆。尽管只是几道应季的小凉菜，但那份别致的清鲜甘香却能从嘴里直冲上头顶，再从头顶醉到心里。

打下来的香椿如果多得吃不了，可以用盐揉搓了储藏在坛子里做成腌香椿。一坛腌香椿可以吃上一整年，直到来年树上再长出新鲜的。腌制的香椿变得咸香爽口，切成末儿就是一年四季吃炸酱面最好的菜码儿——夏天的时候可以配上黄瓜丝、青蒜末儿、青豆嘴儿，冬天的时候可以拌上焯白菜头。那种实实在在的享受会让人心里觉得踏实。

2.

“槐树槐，槐树槐，槐树底下搭戏台……”阴历七八月间是胡同里国槐花开满树的时节。远远望去，一树树浓密墨绿的羽状小圆叶子间夹杂着串串乳白的念珠，让整条胡同都弥漫着清雅的甜香。“哦，下花瓣雪了，下花瓣雪了！”四合院街门口轻盈的槐花飘落下来，撒在笑得和槐花同样甜爽，正在跳着脚够槐花的姑娘和小伙子们脸上。他们正掰开花瓣，直接吃那鲜甜的槐花芯呢。

古人认为槐树有君子般的德行，它正直、坚实，而且荫盖广阔。《周礼 · 秋官》上记载：周代宫殿外边种着三棵大槐树，每当三公朝见天子的时候，都要面向三槐而立。后人用三槐比喻三公，槐树也就成了宰辅官位的象征。宋朝时有个叫王祐的兵部侍郎在庭院里栽下三棵槐树，并把宅第取名为“三槐堂”，希望槐树能给家族带来好运气，让子孙能够位极人臣。果不其然，王祐的儿子王旦真的当上了宰相。为此大文豪苏轼写了篇《三槐堂铭》流传千古，其中说道：“郁郁三槐，惟德之符。”京城自古是首善之区，因此这能带来好运气的槐树也就成了京城里的当家树。不过或许是因为“槐”字里有个“鬼”字，京城里的槐树一般并不种在院子里，而是种在街道和胡同边上，特别是讲究种在四合院的街门口两侧，这叫做“门前种槐，进宝招财”。

槐树下面的人能当上宰相的凤毛麟角，但胡同里吃过槐树花的人却比比皆是。槐树花是胡同里产的为数不多的能吃的花，可以用来做汤、焖饭、炒鸡蛋，甚至可以包饺子、烙糊塌子。若是把刚刚采下来的槐花洗净后在干面粉中滚成一个个小粉团儿，放在笼屉里蒸上十来分钟，揭开笼屉的刹那，烟雾缭绕间恰似一个个狮子滚出的小绣球，用筷子夹起来尝上一口，又绵又酥，那甘冽的花香能顿时深深地蹿入五脏六腑，让人神清气爽，心旷神怡。这朴素的享受给胡同里的人们平添了许多乐和。

3.

走在胡同深处，两旁四合院里探出枝杈的多半是枣树。若是仲秋时节，抬眼望去，那浓绿的叶子背后往往隐藏着一颗颗玛瑙珠子一样红绿相间、晶莹鲜亮的小枣儿。赶巧了一不留神，兴许会有一两颗正好砸在过往行人的头上。

记得我住演乐胡同的四合院时，后院里有一棵一人抱不过来的老枣树，枝干顶端还有一个硕大的喜鹊窝。明丽的春光里，还巢的喜鹊终日里叽叽喳喳叫不停，小米粒似的金黄色的枣花掩映在满树嫩绿之中，淡淡的甜香顺着窗口飘进屋子里。盛夏时节，那枣树如棚似盖般的撑起了一把浓绿的大伞，洒下一院子的阴凉。

“八月十五枣上竿”。中秋前后，院子里的人们会举起长杆子打落阵阵枣雨。随着噼里啪啦的打枣声，我总可以得到一捧鲜甜的大枣解馋。不过，鲜枣不能多吃，吃多了会闹肚子。最好的吃法，我觉得是晾干了以后放在锅里加上没过枣子的清水熬煮，不加糖，也不加任何调料。煮上一会儿之后，会出现一层雪白的沫子。用勺子把这层浮沫撇干净，再继续熬，直到水快熬干，颗颗绛红色的枣子上会包裹上一层透亮的蜜液。吃上一颗这样的枣子，您才能知道枣可以使人甜得如醉如痴。

4.

丝瓜架是四合院里常见的景致。盛夏的日子，浓绿色藤架上黄灿灿的丝瓜花和院子里火红的石榴花、缤纷的月季一起把青砖灰瓦下不大的地盘儿点缀得五彩缤纷。待到黄花凋落，果实结成之时，条条悬垂的细嫩丝瓜不仅给院子里带来了田园般的气息，还在餐桌上添上了一道不可或缺的美味。

吃丝瓜讲究个鲜。经典的做法是用羊肉汆着吃。摘比大拇指稍稍粗些的鲜嫩丝瓜洗干净切成薄片。把腌制好的羊肉片挂浆，用滚开的水略微一汆捞在汤盆里。再用葱姜水把丝瓜片焯熟浇在上面。别看做法简单，却完好地保持了羊肉和丝瓜的自然之鲜，尽显简单清净之味。

所谓“鲜”大体有两种意思：一是指肉之鲜美——对于南方人来说是鱼肉之美，而对于北方人而言则是羊肉之美，所以才有了由“鱼”与“羊”合成的这个“鲜”字。还有一种意思是说果蔬之鲜——现摘的、细嫩的蔬果充盈着大地的灵气。滑润的羊肉，清嫩的丝瓜，融合在清可见底的鲜汤里，最大限度地体现了羊肉之鲜和菜蔬之鲜。人们可以坐在丝瓜架下悠闲地品着这滑爽清鲜的至鲜之汤，任滋润的感觉触摸着肠胃。清风拂过，汗出涔涔，松弛了肺腑，也松弛了劳顿的心绪，怎不让人迷醉于院落中嫩绿的色调和素朴悠闲的境界里。

5.

四合院里常种的瓜果还有瓠子。还记得盛夏时节，浓绿的藤架上爬满了大大的心形叶子，不仅使整个院落都弥漫了凉爽，也让烈日下的青砖灰瓦充满了勃勃生机。入夜时分，雪白的瓠子花开了，那素雅的花朵散发着淡淡的清香，让宁静的夜色透着惬意。过不几天，藤架上白花凋谢处，枝叶间蹿出了一个个表面上挂着一层乳白色绒毛的小瓠子，羞答答地躲在浓绿的叶子后面，淘气的和藤架下乘凉喝茶聊天的人们捉迷藏。天气转凉，翠绿的瓠子也渐渐长大，外形酷似葫芦，只是中间没有亚腰，也比葫芦细，比葫芦长。这可是做糊塌子的上品呀！

从藤架上绿叶间摘下两个一尺来长胖乎乎的瓠子清洗干净，用礤床礤成细细的丝，放在盆里，和上面粉，再打上两个鸡蛋，加些清水，用筷子拌成浓稠的糊。微火烧热了饼铛，点上几滴素油，扢上一勺面糊，薄薄地摊成一张大饼。随着刺啦刺啦的响声，一股焦香中混合着清新的气息扑鼻而来，整个厨房都弥散着瓠子特有的清香味儿。过上一两分钟用铲子一翻，刚烙好的一面焦黄间隐约可见清嫩的绿丝，稍等片刻，再一翻，一张糊塌子就烙好了。

烙好的糊塌子如果就这么直接吃有些可惜，因为还没蘸作料呢。糊塌子要蘸特定的调料，这可是吃这口儿的点睛之笔。真正的吃主儿小料不全不吃，再简单的吃食也不能将就。

这调料做起来倒也容易，就是把大蒜放些盐捣成蒜泥后用凉开水一激，再兑上鲜美的酱油，点上几滴香油就齐了。不过这里也有个诀窍，就是这“凉开水一激”，倘若缺了这一步，直接用酱油冲，调出来的蒜汁就不辣也不爽利。

热气腾腾的糊塌子蘸上这爽利的酱油蒜汁，咬上一口，热气挥发出蒜香，蒜辣激发出瓠子的清爽，鲜美浓郁的酱油又与这蒜香和瓠子香相得益彰，外脆内软中糊塌子特有的甘甜被发挥得淋漓尽致——简单的吃法也可以吃得讲究，吃出精细。

糊塌子亦菜亦饭，简便易做，是北京城里常见的美味。不过在饭店里却很少有卖的。即使有，也远没家里做得好吃。道理很简单，吃糊塌子讲究现烙现吃。吃的就是个柔软的口感和那份滚烫的热乎劲儿。如果放凉了变硬变皮，没了香气，口感和现烙的完全是两回事。外面饭馆供不上那么多客人的嘴。所以吃这口儿必须得在家做，在家吃。那热腾腾的吃法，放松的不只是口舌，还有人的身心。只有在家才吃得是味儿。

用瓠子做糊塌子是老北京的经典做法，现在许多人不知道了。相对来说，现在用西葫芦更普遍，也许是因为西葫芦较之瓠子更容易买到的缘故。西葫芦的汁液比瓠子多，和面的时候可以不加水，用西葫芦做出的糊塌子口感比瓠子少了点醇鲜，多了份清爽，味道也挺不错。其实做糊塌子的材料还有许多种，比方说可以用鲜嫩的桑叶或者紫苏叶，吃起来另一个味儿，甚至可以用槐树花，更是别有一番情趣。

6.

好的饭菜往往并不出自职业厨师之手。四合院里还有很多亦菜亦饭的家常饭，兼备简便易做、风味独特的特征，令多少人魂牵梦绕。就比如一锅喷香的扁豆焖面。

扁豆焖面，首先得说这面——最好是自己现做的小刀切面，而且要切得很细很细。这样的面吃起来口感既绵软又筋道，是买来的切面无法相提并论的。如果您不会切，那么只能买回最细的切面先上笼屉蒸上五分钟才可以用。

下一步就是煸炒扁豆，最好选那种细长而圆润的蛇豆，这种豆筋少、润味儿。葱姜炝锅，用瘦肉丝煸炒扁豆，炒到四五成熟的时候，加上些开水，为的是焖面时扁豆不至于糊锅，再把准备好的面条抖落开，铺在扁豆上。之后，关键的一步，就是把鲜酱油均匀地浇在面上。

为什么酱油不在炒扁豆的时候加，而在这时候放？道理在于，如果在炒扁豆的时候加，焖出的面往往色泽不匀，看上去一块深一块浅的，吃起来味道也一口清一口重。而这时洒酱油，浸润了酱油的面条不再是无味的白色，吃起来自然也更滋润，面条也更入味儿。酱油是大豆经过发酵后酝酿出的新味儿，放酱油要比放盐讲究得多。比如酿造四个月的酱油最鲜，而酿造六个月的酱油最香。所以说用什么酱油，什么时候放，放多少，怎么放，出来的口味是不一样的。

洒好酱油后，盖上锅盖，焖！之后痴痴地等啊等，等到锅里嗞嗞啦啦地响，面条吸足了汤汁，打开锅盖，顿觉面香扑鼻。这时一手拿筷子，一手拿铲子，兜着锅底这么一翻，把锅里的面条尽量抖搂开来和扁豆搅拌在一起。这还不算完，最后一道工序是把晶莹剔透的新蒜拍碎后撒在面上。一锅浓香油润、烂熟却有嚼头的扁豆焖面大功告成了！

扁豆焖面在饭馆里是买不到的，但却让很多的北京人留恋，以至于想起来就香溢唇齿。曾有一位北京籍海漂，游历欧洲多年，冬天回北京一个星期，特意顶风冒雪地来看我，因为她喜欢北京的吃食，也喜欢《京味儿》。她说书里那些好吃的让她读起来饥肠辘辘，能想起小时候的四合院，更想起年迈的妈妈。不过有一点遗憾，就是“怎么就没写扁豆焖面呢？那滋味太令人怀念了。特别是挨着锅底有锅嘎巴的面，越嚼越香，比意大利面棒多了！我在国外想家的时候，就特想吃一大碗扁豆焖面。”

很多人，能够喜欢异国明丽的山川，但却很难改变家乡的饮食习惯，这便是渗透在骨子里的乡情吧。对家乡口味的眷恋和对家乡的情感往往相互缠绵萦绕，割舍不断。家乡独有的饭菜，别处人也许尝不出好来，但对想家的人却可以是至美之味。对于那位漂泊的游子而言，所谓想家，不就体现在想吃一碗质朴浓香的扁豆焖面吗？

7.

焖面尽管好吃，可蛇豆却并不是四合院的特产。要想吃，只能去买。不过四合院里房前屋后倒是出产另一种扁豆，尽管它不太适合做焖面，可同样可以做出独特的佳肴。这种豆子看上去有点像猪耳朵，学名应该叫榍豆，北京人管它叫大扁儿。

大扁儿很皮实，只要顺着墙拉上几根线绳，那藤蔓就能盘绕着爬上房顶。三伏天里，绿莹莹的叶子间淡蓝的碎花成串地开着，一场雨水，密实的叶子缝隙里就能冒出无数串小豆角。要不了多久，就能长成一根手指头长短，中间很扁，四周镶嵌着紫色花边，略微有些厚实的大扁儿了。

大扁儿分批成长，层出不穷，好像总也摘不完似的，可以从夏末一直吃到深秋。摘一小盆大扁儿下来，洗干净后切成斜丝，和猪肉丝一起爆炒，吃在嘴里会有一种非常别致的扎扎的、绒绒的感觉，而且有一种独特的清香味。

大扁儿还有一种比较讲究的吃法，叫炸大扁儿盒。把瘦猪肉末加上盐、葱姜末、胡椒粉再点上几滴香油和成馅儿。大扁儿去了筋，漂洗干净，从一边撕开，里面先沾上一层干棒子面，再填足了香喷喷的馅儿，用两层大扁儿皮轻轻一夹，外面均匀地裹上用鸡蛋和棒子面和成的糊，一个胖乎乎的大扁盒坯子就算做成了。一次做这么二十来个，下到温热的油锅里炸成金黄色的小饺子，控净了油，装在盘子里，就可以上桌了。吃的时候蘸上些椒盐，咬上一口，香酥里包裹着清香，清香里蕴藏着肥嫩。这难得的鲜味儿管保谁吃了都会喜欢的，只可惜餐厅里依然没见有卖的。

如果说京城那些大大小小馆子里的各类美味珍馐丰沛如海，那么四合院里那些简洁灵动的家常便菜就算清澈如源了吧？这不仅仅是因为家常菜独特的味道让人垂涎三尺，更是因为那些朴素饭菜里蕴涵了太多的家味儿——家的温馨，家的舒坦，家的安稳。唯有这样的生活才是这座古城最真切的生活，而对这种生活情调的体验怕是在任何馆子里永远无法寻觅到的。

天棚、鱼缸、石榴树

天棚、鱼缸、石榴树，

先生、肥狗、胖丫头

听了这两句话，您一准儿能想起咱老北京安详和睦、朴素宁静的四合院吧？

天棚我从没见过，只是听说过去从端午到初秋，四合院里都要搭起遮阳通风的大凉棚，能把整个院子都罩起来，所以叫做天棚。凉棚是用竹竿和苇席做的，禁得住暴晒雨淋，还能够自由舒卷，给酷暑中的四合院平添了几分飒爽畅快。不过这些在20世纪中叶就已经消失了。

鱼缸，我小的时候院子里还有。夏秋时节，影壁后面的青瓦鱼缸里总会养着几尾红帽子和墨龙睛，终日里优哉游哉地游着，任凭那缎子般艳红或乌黑的尾巴在嫩绿如绒的水草间漂荡，搅开那一盆宁静与寂寞。

养金鱼讲究吃活食，院子里的半大小子们大清早就要去苇子坑给它们捞鱼虫儿。等把芝麻粒儿似的红褐色鱼虫儿撒在缸里，红帽子和墨龙睛们会立刻从盆底浮出水面，狼吞虎咽地饱餐一顿。撑个肚儿歪之后，又一条条吞吐着潮润的气泡游到缸底的青石缝里静养起来。看着它们，人们或许会瞬间忘却飞逝的时光，融入那份悠然自得的闲在里。

石榴树，是我钟爱和思念的景致。记忆里、我家南池子老宅的石榴树就种在屋门口右首，那棵树的品种叫水晶石榴。大概是因为经常用淘米水和洗肉、洗鱼的水浇灌的缘故，树长得非常壮实，碗口粗的枝干奇崛苍劲，盘曲着攀到了房顶的青瓦上。密实的小叶子浓绿光洁，随风摇曳出轻柔的婆娑声，让静穆安谧的院落飘散着灵动之气。每年端午过后，天渐渐热了，石榴树也一天天繁茂起来，甚至可以长成一个天然凉棚，把整个屋门掩映在树荫底下，让出出进进的人避免了烈日的烘晒，心里也透着凉快。

大约从阴历六月初开始吧，满树橙红色的石榴花就会此起彼伏的渐渐绽放。蜜蜡般润泽厚实的花托上翻吐着橙红色丝绢，金蕊微露，火焰般点染在密匝匝的绿叶之间，宛如一尾尾灵巧的金鱼，游荡在如波的绿丛里。整个院子都变得芬芳四溢。夏天的阵阵雷雨也会让油光墨绿色的叶片上挂满了晶莹的水珠，片片花瓣飘落，弄得一地嫣红姹紫。

秋凉了，一个个圆润饱满、稍现六棱、拳头大小的石榴悬在弯成弧的树枝上，像颗颗涂了蜡的宝石随着阵阵秋风摇来摆去，让人看着垂涎欲滴，而房顶上那些看不见的石榴就更多了。收获的时候，几个叔叔要搬梯子上房去摘，一摘就是两大桶。这石榴别看个头大，皮却很薄，只要轻轻一掰，就可以看见白纱似的薄膜间整齐排列的一颗颗晶莹剔透、淡粉中透白的玛瑙粒了。抠出几颗放进嘴里，轻轻一咬，顷刻间，那带着一丝不可思议的奶味儿的醇甜甘爽的汁液就会顺着牙缝一直渗进心里。怪不得古人把这石榴叫做“天浆”呢!

吃石榴和吃其他水果的感觉是不一样的。要是吃个西瓜、苹果什么的通常要一次吃个够，而且必得大口大口地啃方才觉得解气。可吃石榴讲究的是闲得没事儿的时候几粒几粒的细品，越咂摸越有滋味，就连那绿豆大小的果核里都渗透着鲜甜。虽说吃起来有些麻烦，但和所有的美味一样，越是吃着麻烦越觉得回味无穷，这倒是非常适合北京人骨子里的那股闲散味儿。

摘下来的石榴不仅可以供自家尝鲜，还可以作为别致的礼物送给亲戚朋友。特别是在重阳节的时候，石榴是送给老人们最好的寿礼，因为它寓意着喜庆和安康。要是恰逢街坊邻居谁家娶媳妇办喜事，那这大石榴可就更是派上用场了。挑两个最大的往洞房里一挂，祝福一对新人今后的日子红红火火，子孙满堂。一种自家产的普通水果，可以让人体会到生命的美好，石榴真不愧是吉祥果呀!

石榴原产自西域，是汉代张骞出使西域的时候从安石国带回来的奇珍异果，所以又叫安石榴，最早只在我国西部地区种植。大约到了元代，这种“天下之奇树，九州之名果”才作为贡品传进了当时的元大都。明代，种植石榴在京城里渐渐普及，以至于出现了“石榴花发街欲焚，蟠枝屈朵皆崩云；千门万户买不尽，剩将儿女染红裙”的胜景。现在南苑附近有个石榴园，就是明清两代专门给皇宫种植石榴的地方。

北京的石榴品种很多，可谓是千姿百态，异彩纷呈。有直接栽在地上当水果吃的，也有种在大花盆里摆放在院子里作点缀的。用来吃的品种里，像我家这种水晶石榴应该算是很不错的品种了。除了它，四合院里比较常见的还有一种紫红色的石榴，也叫四瓣石榴。这种石榴皮红得发紫，籽粒看起来灼若旭日，非常漂亮。不过比起水晶石榴来，皮显得略微有些厚，籽粒也比较软，吃起来口味偏酸。

京城里的文人墨客们也喜欢种石榴，不过通常不是为了吃，而是种在花盆里，摆在屋子中当盆景观赏。在他们看来，这自然天成的艺术珍品不仅可以给安闲雅静的书斋平添勃勃生机，更可以激发起吟诗作画的雅兴。当做盆景的石榴中有一个品种叫月季石榴，一年可以开好几次花。成熟的时候，树枝上星罗棋布着小灯笼似的石榴果，外皮裂开的地方露出一排排珍珠般大小的籽粒，晶莹如玛瑙。还有一种墨石榴也是专供观赏的，枝细叶嫩，颜色紫黑，别致得令人赏心悦目。

石榴给北京人简朴的生活增添了无穷的乐趣，以至于“家家金秋石榴红”曾经是京城里特有的景色。这除了因为石榴花艳果甘，喜庆可人，符合北京人快乐的天性之外，通常的说法是因为这果子籽多，象征了多子多福，红红火火的日子。我倒觉得这种说法还不尽然。籽多的果子多了去了，为什么四合院单单和石榴这么结缘呢？道理在于它还有一层寓意，就是石榴“千房同膜，千子如一”。千百颗籽粒和睦有序地团聚在一个果实里，象征了一家人团团圆圆地住在一起，互相照应着，这不正是四合院生活的真实写照吗？北京人祖祖辈辈过着这样的日子，尽管有些封闭，却也怡然自得，其乐融融。

长大以后，我随父母搬到了西城的楼房，不过每次回南池子的老宅，我都要特意摸摸那棵伴我长大的石榴树，看一看小时候用小刀刻在上面的歪歪扭扭的字。后来几个叔叔也陆续搬出了院子，只有一个叔叔还住在那儿。每年中秋前后，他都会送几个大石榴过来。每次我都要先迫不及待地连吃两个，品尝那期待了一年的甘美，也回味着童年的味道。然后留起几个来舍不得吃，一直留到春节，再掰开那发黄的石榴皮，慢慢品味一颗颗带着丝丝粉红、冰清玉洁般的水晶豆子。

大概是2006年吧，南池子一带拆迁改造，我家的院子消失了，叔叔也搬迁到了四环以外。本来说是那棵树可以作为景致留着，可我特意去找过好几次，却怎么也没找到，只留下一树摇曳的石榴影永远悬挂在我心头。

今晚的月光分外明

1.

提起中秋节，大多数人首先想到的会是月饼，那块甜爽香醇的小圆点心俨然成了中秋节令的文化符号。现在，买月饼、送月饼、吃月饼似乎是这个传统节日里的头等大事，赏月倒显得在其次了。这倒真对得起中秋节的别名——月饼节。

也不光是中秋，我们的传统节日几乎无一例外和吃联系在一起。端午的粽子，春节的饺子，到了正月十五，干脆就叫元宵节了。如果没了这些特定的吃食，传统节日怕是也很难维系下来。似乎我们文明的历程，靠的就是一张嘴。仔细想想，这大概和中国的农耕文明有关。节日和时令密不可分，而时令又和种植与收获相互关联，过什么节讲究吃什么东西也就自然而然了。祖先正是通过吃来感悟光阴，亲近大地，凝聚亲情的。

不过在老北京，过中秋节的内容要丰富得多。无论是祭月、拜月、赏月还是中秋之夜的团圆饭都有许多风俗和规矩。单从吃上说，也不仅仅只是月饼。

就说这称谓吧，八月十五除了叫中秋节、月饼节还可以称为八月节、仲秋节、拜月节、月夕……老北京中秋节祭月有供兔爷的习俗，京城里的老少爷们儿也把这天叫做“兔爷节”，透着北京人特有的幽默劲儿。中秋前后又是一年当中水果最丰盛的时节，不但有可吃的瓜果梨桃，还有专门闻香用的虎拉车、沙果、槟子，所以这天还叫“果子节”。中秋最重要的活动是祭月和拜月，那时候老百姓认为月亮属“阴”，祭月、拜月当然是女人们的专利，讲究“男不拜月，女不祭灶”，这么着，中秋又叫“女儿节”。再者，过日子希望合家团圆，而天上那轮阴晴圆缺的月亮一年里在这一晚最亮最圆，所以这一天还叫“团圆节”。

2.

团圆节当然要吃团圆饭。中秋之夜，一家人围坐一起其乐融融地享用丰盛的家宴，惬意地等待月亮升起。团圆饭的内容是丰盛的，除了鸡鸭鱼肉还必会有这个季节的特产菜蔬，比如白莲藕，这可是北京秋季特产的河鲜。

今天的什刹海前海一带早先也叫大荷地，那里不仅有水乡胜景，更是出产白莲藕的宝地。康熙年间，才华横溢的世家子弟纳兰性德曾经在此流连忘返，写下了这样的美妙诗句：“藕风轻，莲露冷，断虹收。正红窗，初上帘钩。田田翠盖，趁斜阳，鱼浪香浮……”每到夏秋时节，什刹海的岸边都会有人出售刚采上来的白莲藕。这种藕和南方的不同，南方的藕多为七孔，颜色发红，体形短粗，吃起来口感糯而不脆，比较适合煲汤或做成糯米藕。而什刹海的藕是九孔的，外皮银白光亮，体形细长风致，吃起来是脆生无渣，掰断了以后也不会拉丝，更不会有“藕断丝连”的现象。人们把白莲藕买回家去，刮去薄薄的皮以后用淡醋水泡上几分钟，为的是保持那份玉白水嫩的色泽，以便在中秋家宴上添上一盘精致的小菜。

北京人一般不太用莲藕炖汤，而是加些姜、醋、白糖凉拌藕片，或者切成藕丁或藕丝炒鸡丁或虾仁。当然，最受小孩子欢迎的吃法要数鲜嫩、香脆的炸藕盒儿。不过藕一般只是做些凉菜或点缀的小炒，要论这团圆饭上的压桌大菜，那就非螃蟹莫属了。

3.

“秋风响，蟹脚痒”。螃蟹可是金秋的特产。北京人吃阳澄湖大闸蟹似乎只是近几年的事，过去讲究吃的是天津附近产的胜芳螃蟹。别看它个头小，但壳薄肉嫩，甘美鲜醇，甚至有个说法叫“南有苏杭，北有胜芳”。稍差一些的还有马驹桥的“高粱红大螃蟹”，再就是北京周围荷塘沼泽里的灯笼子蟹了。这些螃蟹属河螃蟹，必须活着蒸。只要一死细菌很快繁殖，俗称有毒了。

北京人做螃蟹的方法很简单，简单到只是清蒸，而且吃的时候也仅仅蘸些姜丝香醋，连盐都不放。唯有这么吃才能充分体验螃蟹清鲜的真味，而不被太多的杂味儿干扰。

十几只青壳螃蟹放进蒸锅，还要在盖子上压上重物，为的是防止螃蟹爬出来。不多时热气蒸腾，水吐嘟嘟泛着响声，螃蟹在锅里抓啦抓啦地乱爬。眼看那锅盖被顶得一颤一颤的，赶紧用手按住。不一会儿，没动静了，顺着锅盖边蹿出股股鲜香，螃蟹熟了。一大盘子通红的螃蟹热气腾腾端上了桌。接下来，开吃。

怎么吃？这可大有讲究。吃螃蟹当然可以什么工具也不用，全凭十个手指头把螃蟹掰开，然后连壳带肉一口咬下去，嚼吧嚼吧，咂摸咂摸滋味，再连壳带肉吐出来。不过这么个心急气躁的吃法真正能吃到肚子里的蟹肉恐怕连一半都到不了，未免太糟蹋东西。吃螃蟹可不是为了填饱肚子。吃螃蟹讲究是要用一套叫做“蟹八件”的专用器具静下来慢慢拆解，用心感受那诗意的过程。真正的美味是需要细品慢嚼的。

蟹八件是明代从江南传过来的，一般是铜镀白银，看上去光泽柔润。里面通常包括一个手掌大小、玲珑精巧的小方桌，造型美观的长柄斧，还有圆头剪、小锤子、长叉子、镊子、钎子，以及别致实用的小勺等一共八件。用这套“兵器”吃螃蟹，不但可以吃得精细彻底，而且还能吃出悠闲之美。中秋的团圆饭是一家人交流的好时机，慢条斯理地吃上个把钟头螃蟹，正好可以聊聊家长里短，享受那份质朴的从容与温情。

吃螃蟹一定要自己动手。蟹腿凉得最快，先用剪子剪下，用钎子把细长的蟹腿肉轻轻地钩出来，蘸上姜醋细细咂摸，直品得鲜浸肺腑，搜肠刮肚。再剪下两个大螯放在小桌上，用小锤小心翼翼地敲松，剥开螯壳，挑出封在里面的那块蟹肉，美美地品尝令人魂飞魄散的软玉。

对付完两只大螯，蟹壳也已经不怎么烫手了。把它拿到小方桌上，用小锤对准蟹壳四周的侧面轻轻敲打一遍，蟹壳松动了，用长柄斧劈开背壳和肚脐，用镊子拔去不能食用的草芽子和盖上连骨的蟹胃，接下来就可以用小勺刮下金黄油亮的蟹黄或乳白胶粘的蟹膏，蘸上些姜醋送进嘴里，惬意地回味那不可思议的鲜美甘腴了。这一刻，也就是吃螃蟹的最大乐趣。

之后，叉、钎、勺、镊轮番上阵，或叉或剔或夹或刮，经过一番精雕细琢，蟹壳里雪白鲜嫩的蟹肉被彻底取了出来。整个过程讲究干净利索，有条不紊，充满节奏和韵律，宛若独奏一支舒缓的古琴曲。据说高手可以做到吃完了一只螃蟹后把那些剥下来的蟹壳、蟹皮再拼成一只完整螃蟹的模样。那一刻必是充满了莫大的成就感。慢慢品味着蟹肉，斟上一盅菊花白酒，吃得舒坦，喝得安闲，生活之美莫过于此吧!

吃过螃蟹，用放着菊花瓣的茶叶水洗洗手指，去除腥气。抬头看看，四合院屋顶的青瓦上已然洒上了一层淡淡的银光，夜空里一轮皓月如玉如盘。正是：“万里此情同皎洁，一年今日最分明。”祭月、拜月马上开始了。

4.

老北京人拜月，通常并不直接叩拜空中那轮朗朗明月，而是要从南纸店买回一种叫“月光码儿”的木刻版水彩印制的神像作为月神的象征。月光码很大，上半部分印着太阴星君，下半部分印着广寒宫里捣药的玉兔，中秋之夜要用特制的秫秸架子把它支起来戳在院子当中，周围摆上菊花、月季等等各种盆栽的花卉，前面摆上一张八仙桌作为供桌，供桌的中央摆上专属于这一天的神仙——兔儿爷。

兔爷大概是北京本地特产的神仙，传说他的老家就在崇文门外花市大街的灶君庙。一进了农历八月，北京的大街小巷就摆上了色彩艳丽的兔爷摊子，尤其以花市附近最盛。兔爷是泥捏的，大的可以有两三尺高，小的只有手巴掌大小，兔头人身，用五颜六色的油彩画上各种鲜艳的衣裳和装饰。有顶金盔束银甲的，有披绿袍穿红袄的，有骑狮子、老虎、大象的，也有抱着捣药杵端坐在荷花塘上的……不管什么穿戴打扮，都支棱着两只长长的耳朵，翘起细线似的三瓣子嘴，憨厚地笑着，非常讨小孩子们喜欢。所以尽管兔爷位列仙班，却也是小孩子手里的玩意儿，这一点，大概世界上再没有其他的神仙可以做到了。

兔爷的左右要各摆一只花瓶，一只插着束紫红色带籽儿的鸡冠子花——象征着月宫里的婆娑树，另一只插上把带枝的毛豆——兔子好吃这口不是？看来即使当了神仙饮食习惯都是改不了的。更有意思的是过去中秋节卖月饼的铺子门前往往也会支起一口大锅，煮带枝的毛豆。

兔爷的面前要陈列上各种供果：有象征“事事平安”的柿子和苹果，有寓意长寿吉祥、多子多福的桃子和四合院里的石榴，还有切成莲花瓣的西瓜和自产的玫瑰香葡萄……这么说吧，这个季节的应季水果只有一样不能摆，那就是梨。因为梨与“离”谐音，让人联想到分离，这可是团圆节的大忌。

除了水果，兔爷前还要摆上一节鲜嫩的玉色长节藕，据说这是给兔爷剔牙用的。不过，兔爷受用完了贡品也剔过牙，可就不再享受神仙的待遇了。祭拜完毕，小孩子会立刻把这位爷拿下来抱在怀里当玩意儿。祭月就是这样，少了几分凝重，多了几分诙谐，充满了浓浓的人间烟火气。

供桌上自然是少不了月饼的，但可不是什么月饼都有资格上供。祭月的月饼必须是素的。达官贵人家里会供一种十几斤重、专门上供用的巨型月饼，里面包上白糖、冰糖、奶制品和各种果料，表面上用模子压出蟾宫玉桂、玉兔捣药等等图案。据说这种月饼外表熟，里面不熟，并不能真的拿来吃。通常百姓人家供的月饼是不能就这么浪费的，于是大部分人家供的都是两碟自来红。

自来红用香油和面，里面包着晶莹剔透的大块冰糖以及青丝、红丝，咬上一口甜爽清香。古人认为甜蜜的味道充满了高贵和神秘，和光明美好联系在一起，所以上供的吃食必是甜的。祖先们用甜蜜的美味来祈祷幸福，而这些美味往往又成了祈祷的对象，这已然形成了一种礼仪，一种文化，既是对甜蜜生活的赞美，也寄托了对团圆的期盼。

顺便说一句：和自来红很接近的另一种月饼自来白，因为是荤油和面，所以不可以上供，但可以作为礼物送给亲戚朋友分享。

兔爷面前除了各色水果和自来红，还有一样属于中秋的节令甜食。这种吃食现在已经很少见了，那就是团圆饼。

团圆饼并不是月饼，也不是月饼的替代品。它其实就是一种蒸饼。不过这种蒸饼不是一张，而是一摞，或者说一套，因为它是五六张饼摞在一起整个蒸熟的。把发好的白面擀成一张大圆片儿，裹上甜香的红糖和浓馥的芝麻酱，拌上玫瑰卤子或桂花汁，加上核桃、花生等等干果，撒上青丝、红丝包好了，轻轻压成一张大厚饼，之后用大料瓣蘸上嫣红的胭脂在外面点上几个花瓣儿似的图案，放在最底下的一张大饼就算做成了。这蒸饼有多大？笼屉多大它多大，然后越往上越小，做法都是一样的。这么五六张饼摞成一个锥塔形，上笼屉蒸上半个钟头。蒸熟了端出来，热腾腾地摆在兔爷的面前，代表着团团圆圆、蒸蒸日上。如果说对于幸福的渴望是节日永恒的主题，那么中秋的核心内涵自然就是团圆了。祈福，化解了多少压力，寄托着无限的憧憬，凝聚着浓浓的亲情，真是一剂能使生活幸福的灵丹妙药啊！

当然，“心到神知，上供人吃”，这套团圆饼撤了供还是要给人享用的。吃团圆饼有个规矩，就是不能一张一张揭开吃，而是根据家里的人数整摞地竖着切成牙儿，每人一牙儿，即使是出门在外的人也要留上一牙儿预备着，意味着一家人不离不弃，团圆和睦。美食对人心灵的感召真是不可思议。

皓月当空，女人们庄重地焚香叩拜，动作娴熟飘洒，如入化境。她们年年岁岁这样虔诚地拜着，期盼全家和和睦睦，生活甜甜蜜蜜。小孩子们也会叽里咕噜地跟在奶奶或妈妈的屁股后面俏皮地拜一拜。对于他们来说，祭拜更像是一种游戏。真正吸引他们的倒未必是月亮，更多的是那些供桌上的好吃食。

5.

拜月仪式结束，一家人围坐在月光里的石榴树下，摆上茶几，沏上一壶喷香的茉莉香片，就着一块不黏不硬、鲜香软糯的翻毛月饼开始赏月吧！“小饼如咀嚼月，中有酥和饴”，用苏轼的这两句诗形容翻毛月饼最贴切不过了。这种地道的京式月饼外皮如雪白薄嫩的棉纸，一层面皮一层酥，放在盘子上轻轻拍打桌面，绵细的酥皮能如鹅毛般飘起。里面包的有桂花、椒盐、冬瓜、水晶等等不同的馅料，吃起来甘之如饴，最适合做赏月时的茶点。

小孩子是不太会欣赏苍穹中的朗朗皓月的，可他们自有赏玩月亮的办法。那就是看四合院里大水缸中月亮圆圆的倒影，然后投进块小石子，随着那一轮轮波纹的散开，月亮笑了，孩子也笑了，拍着手唱起那古老的童谣：

紫不紫，大海茄，
八月里供的是兔儿爷，
自来白，自来红，
月光马儿供当中。
毛豆枝儿乱哄哄，
鸡冠花儿红里个红，
圆月儿西瓜皮儿青。
月亮爷爷吃得哈哈笑，
今晚的月光分外明！

单背儿我喝蜜

检验一个人是不是从小在北京长大，有一个非常简单的办法，就是问他什么叫“单背儿我喝蜜”？

如果他一边兴奋地拖着长音重复“单背儿我喝——”一边把手攥成拳头藏在背后，然后突然绷直了，手心或者手背朝天伸到你面前，同时嘴角上流露着对童年的眷恋，脆声地蹦出那个“蜜”字，他就一定是在北京长大的孩子。

“单背儿我喝——蜜！”这句词典上查不到的话，是北京小孩子们尽情尽性玩游戏的时候分拨儿使的专用语。几个人围成一圈，同时把手藏在身后，然后一起喊：“单背儿我喝——蜜”，话音落时，一起伸出手，如果谁单独出了手心或者手背，那么他就是那个有幸“喝蜜”的孩子——可以优先做游戏或者享受当孩子王的待遇。不过，这句话里说的“喝蜜”可并不是说喝蜂蜜，而说的是吃一种叫“喝了蜜”的大柿子。

那蜜他们小时候喝过；在梦里也喝过。

柿子树是北京城里最常见的果树，许多街道两边种的就是。霜降节气前后，几场冰凉的秋雨淅淅沥沥地打落了满树猩红圆润的柿子叶，只剩下一根根枯枝倔强地伸向湛蓝的高空。枯枝上天马行空般垂挂着一个个拳头大小、灯笼般金红绚丽的果实。正所谓“西风紧，露水浓，树叶片片落，灯笼盏盏红”，这便是色胜金依、甘逾玉液的北京磨盘柿——把深秋的雅韵传递给都市里的人们。

柿子是起源于中国的古老树种，原产于黄河流域，早在《礼记·内则》里就已经记载着“秋日之果，枣栗榛柿”。唐朝时有一本叫《酉阳杂俎》的书里说柿子有七绝：“一多寿，二多荫，三无鸟巢，四无虫害，五霜叶可玩，六佳实可啖，七落叶肥大可以临书。”看来在那个时代柿子就是人们喜欢的果子了。

柿子的种类很多，按果实的形状，柿子可以分为磨盘柿、莲花柿、尖柿、塔柿、牛心柿、镜面柿等等。北京最常见的品种要数磨盘柿，也叫大盖柿。这种柿子的果实大而扁圆，中间被一圈明显的缢痕分成上下两截儿，看上去像个小磨盘似的。磨盘柿造型雍容华贵，色彩喜兴诱人，很有股子北京城的庄重大气范儿，不由得让人联想起“事事平安”、“事事如意”等等吉祥话儿，所以历来都是北京人眼里象征丰盛的吉祥果。传统绘画的题材是它，制作各种工艺品容器的造型也是它。早在明代万历年间，磨盘柿就已经是御用贡品了。不过小孩子没太多的心思去欣赏或联想，在他们眼里，这皮薄细腻、丰沛甘甜的果汁能嘬着当蜜喝的大盖柿就是冬天里最甜的纯天然冰激凌！

柿子好吃，但必须漤过了才能吃。如果不漤，咬上一口能从舌头涩到腮帮子，涩得整个嘴巴都动弹不得。漤柿子的方法很多，最简便的办法是和苹果、鸭梨等等水果混装在一起，密封严实，过上七八天就可以了。但这时候的柿子还并不能叫做“喝了蜜”，因为刚摘下了不久，咬着还是脆的。吃柿子，不用着急。这东西禁得住放，而且是越放越甜，越搁越软，等到天寒地冻的时候，柿子里面能软成一包清亮透明的蜜汁，那才是“喝了蜜”的大柿子。

还记得小时候，冬天的院子里，家家户户屋外的窗台上都会一拉溜摆上一排大柿子，直冻得梆梆硬。瑞雪飘洒的寒冬，夜幕降临，被雪压断了的干树枝掉落在撒满雪花的房脊上泛起清冷的银光。屋子里温暖舒服，炉子上冒着水汽的水壶嘟嘟作响。炉台底下的砖缝里，几只油咕噜叫个不停，给宁静的冬夜平添了几分生机。这时，大人们会拿上几个冰疙瘩似的大柿子进屋，洗净了灰尘先放在一盆凉水里泡着。不一会儿，柿子的外表就结上一层精薄的冰壳儿，仿佛一个个晶莹剔透的宝盒。而柿子里面已经渐渐融化，变成了一包又凉又甜的蜜汁了。妈妈们会拎出一个晶莹的柿子，蒂朝上装在小瓷碗里，然后揭开长在微凹的脐部那个深棕色的蒂盖，举起钢勺伸进小圆洞，扤那如脂如膏的蜜汁喂给孩子们喝。蜜汁喝到孩子嘴里，真比蜜还滋润。偶尔还会咬到一两个退化了的果核变成的小舌头，感觉滑润润，咬起来咯吱咯吱的。齿颊香甜之际，窗外那纷纷扬扬的凌琼碎玉，似乎也随着这蜜汁融进了孩子们的肚子。

冻大柿子不仅孩子们爱吃，大人们也同样好这口儿。据说柿子是温性的，冬天吃了不伤脾胃，多吃几个也没关系。过去北京的老少爷们儿讲究泡澡堂子。每到十冬腊月去澡堂子的时候，常常会带上一个冻得梆梆硬的大柿子。等到浑身上下泡透了出来，盖上浴巾躺在小床上，这时候柿子已经融化得差不多了，揭开蒂盖带着冰碴子那么一嘬——嘿！冰爽甜凉顺着胸口直沁到肠子里，那叫一痛快，那叫一舒坦。这就是善于找乐和的北京爷们儿冬天里的一种朴素享受。

但凡北京人，没有不喜欢柿子的。老舍先生1950年回国后买下了乃兹府丰富胡同的一所小院子，特意在院子里栽了两棵柿子树，并把院子命名为“丹柿小院”。先生在树下构思着那些另有风度的走卒和小贩，构思着一个个尊爱自己也尊爱这座古城的北京人。朋友们来了，先生陪他们在树下散步，聊着无尽的北京故事。若是秋天，客人们临走的时候都能捎带上几个刚摘下来的柿子。看见朋友们带走自己的劳动果实，老舍先生心里也跟喝了蜜似的。

是呀！柿子让多少北京的孩子怀想起儿时冬日里的温馨甜蜜，以及甜蜜里包含的千丝万缕、连绵不断的情分。

寒秋之际，落木萧萧，我踏着黄叶来到丹柿小院，追忆老舍先生，也怀恋我深爱的北京。见那两棵柿子树已经是枝繁果盛，掩映着小院的青砖黛瓦。一抹残阳透过几片猩红硕大的柿子叶洒在沉甸甸的果实上，金灿灿的，显得格外璀璨。此景，此情，让我脑海里忽然萦绕起徐志摩的诗：

“这秋阳——他仿佛叫你想起什么。一个老友的笑容或者是你故乡的山水。”

一面一世界

最近几年，炸酱面一下子火了起来。满大街到处都是老北京炸酱面馆，乍一看跟传承了多少代似的，大有继烤鸭、涮羊肉之后成为北京餐饮名片的势头。不过论真了说，那些馆子里所卖的炸酱面将就着吃还可以，若论是否讲究可就另当别论了。也难怪许多外地朋友慕名而来吃了之后印象并不怎么样呢。

且不说那些面煮得是否透亮？酱炸得是否滋润？菜码儿布得是否讲究？小料配得是否精细？单瞧那些头发老长的服务员小伙子端上来一大堆不锈钢小碗，当着您的面儿叮咣五四地一通乱敲，把各种杂七杂八的调料都折在面碗里，那份乱劲儿也不是老北京馆子的派头儿。老北京的馆子是消磨时光、咀嚼人生的安逸地方，图的是个雅静，哪有那么闹腾的？再者说，老北京炸酱面都是在家里吃的，馆子里基本不卖。

炸酱面确实是北京人家里一年四季的当家饭。您可别小瞧了这碗炸酱面，它貌似简单，可越是稀松平常的饭菜越不容易做好。要做出一碗地道的炸酱面，也得讲究个章法规矩，也要有个荤素搭配、作料搭配、鲜陈搭配，甚至也有刀工和火候。炸酱面里不仅体现了中餐的理念和技艺，也体现着北京人所追求的那种和谐古朴的生活，甚至还蕴含着深刻的文化和道理。

比方说，中医有个说法叫药食同源。在中医看，凡是能够食用的东西，不论动物、植物乃至矿物等等都既可以是“食”也可以是“药”，只不过是用量上的差异而已。因此严格来讲，药物和食物只是相对而言，没有本质区别。因此，像大米、白面、黄酱、白菜、生姜、大蒜、猪肉、羊肉等等这些我们日常生活中离不开的吃食，在李时珍的《本草纲目》里，通通是作为药物来记载的。

在《本草纲目》里，小麦被记载为气味甘、微寒、无毒。面粉则是甘、温、有微毒，还能消热止烦。而白菜叫做菘，释名上说：“白菜，按陆佃埤雅云：菘性凌冬晚凋，四时常见，有松之操，故名菘。今谓之白菜，其色表白也。”白菜的茎、叶甘、温、无毒。其主治是通利肠胃，除胸中烦，解酒渴。消食下气，治瘴气，止热气嗽，冬汁尤传佳。和中，利大小便。在《本草纲目》里作为日常调味品的黄酱也是药。酱咸、冷利、无毒，可以治疗汤火伤、中砒毒以及妊娠下血等。

这又是白面，又是黄酱，又是白菜的，快做成一碗炸酱面了。其实，用中医的观点看，一碗炸酱面何尝不是一副方剂呢？

吃过中药的人都知道，一服中药是由许多味药材组成的。而“君臣佐使”就是中药的组方原则。这个原则形象地用古代君主、臣僚、僚佐、使者四种人所起的不同作用生动地描述了一副方剂里各味药材的关系。《素问 · 至真要大论》里说："主药之谓君，佐君之谓臣，应臣之谓使。"君药、臣药、佐药、使药，简称之为"君、臣、佐、使"。君指针对主证起主要治疗作用的药物。臣指辅助君药治疗主证，或主要治疗兼证的药物。佐指配合君臣药治疗兼证，或抑制君臣药的毒性，或起反佐作用的药物。使指引导诸药直达病变部位，或调和诸药的药物。这么一看，一碗炸酱面里的"君、臣、佐、使"就非常清楚了。

炸酱面，最主要的功效当然是充饥。中医说五谷为养。面提供了维护我们生命所必需的养分，没有了面，炸酱面也就失去了意义。因此，一碗炸酱面里最不可或缺的自然是千丝万缕、连绵不断的面条，面条当然是"君"了。老北京吃的炸酱面讲究的是抻面，揉面的时候撒在上面的干粉最好用细淀粉，那样抻出来的面才劲道滑润，煮出来也显得透亮。没有淀粉怎么也得是面粉，而没有像现在那些炸酱面馆里有棒子面的，那样煮出来快成一锅粥了。

"臣"，当然是炸酱。酱使得炸酱面有味道，有特色，对面起到了最大的辅助作用。炸酱面好不好吃，酱起着关键作用。北京人炸酱并不只用黄酱，而是要加进去一小半的甜面酱。大豆酿的黄酱是醇香的，白面粉酿的甜面酱透着丝丝鲜甜，再放上五花三层的猪肉丁，荤素配合，慢慢地炸上半个多钟头，火候到家，撒上喷香的葱花。用这样的酱拌面，吃起来甘沃肥浓，香溢齿颊。过去拉车扛麻包的穷苦人吃不起炸酱，怎么办呢？就端个小碗去油盐店买上些酱油、醋、香油和在一起拌面将就着吃，美其名曰"三合油"，也算是炸酱的替代品吧。尽管有些穷欢喜，却也能真切地体会生活的乐趣。

一碗面里只有面和酱能不能吃呢？能。吃只有将就和讲究之分，没有能不能的。只不过那就成了没有特色的光屁股面，一般人是不这么吃的。要想让一碗面有特色、有生机，吃起来是味儿，就必须有陈酿的酱料与新鲜菜码的配合，就离不开黄瓜、白菜等等配菜。那些菜码含有人体必需的大量维生素和矿物质，对脏腑有充养、辅助作用，对口味有鲜陈搭配、辅佐调和的作用。用中医药的观点看，自然就是“佐”药了。

而醋、蒜这些起到了调和与引导作用的各种作料，刺激了食欲，开胃生津，配合酱和菜码让一碗面吃起来倍感舒坦，也就是中医药里所说的“使”。

看，一碗炸酱面就是一副搭配完美的中药，按《黄帝内经》的说法，“气味合而服之，以补精益气”。

说到炸酱面与中医药的关系，还想谈谈中医另一个非常重要的观点——顺四时。简而言之，就是吃东西要顺应春夏秋冬四季的变化，什么季节吃什么季节出产的东西。什么是最好吃的东西？时令鲜蔬！而反季节蔬菜由于天道不合，最好不吃。春温、夏热、秋凉、冬寒，构建了自然界一切生物的春生、夏长、秋收、冬藏，在一碗炸酱面中也理应有所体现。就说那些菜码吧，绝不是放的种类越多越好，品种越怪越好。且不说应该依据中医的观点讲究四气五味，最简单地说，也应该依据四季的不同注意搭配与变换。

2010年冬天，我应邀担任一个中国炸酱面创新大赛的评委。那些选手真是下足了功夫，用尽了心思。酱里不仅加了番茄酱，有的还添了咖喱粉。菜码更是五彩缤纷，争奇斗妍。不仅有用苦瓜的，还有放海参的。可唯独没有一个放十冬腊月里最该放的大白菜的。创新是好事，但创新的前提是变而不离其宗，革而不失其理。海参本身没有任何味道，焯熟了做面码未免糟蹋东西。而白菜是冬季最该放的菜码，尽管便宜，却体现了时令节气。用贵的东西未必是讲究，讲究和奢华是完全两回事。

《易经》上说："关乎天文，以察时变。关乎人文，以化成天下。"热爱生活的祖先们观察到了自然的变化，把这些规律和饮食结合起来，和生活起居结合起来，就成了日常生活中的规矩和讲究。而那些规矩也好，讲究也罢，是经历了多少代人的积累，为了让日子过得更有滋有味，为了让人们更加热爱生活。而这种对生活的热爱，正是支撑生命的不竭动力之一，就比如郑重其事地吃上一碗炸酱面。我们为什么不坐享祖先的智慧呢？

早春刚过，香椿刚滋出嫩嫩的小芽，香得浓郁，香得醇厚。切一点细细的鲜香椿末撒在碗里，整个房间都洋溢着清馨的气息。稍过个把星期，伏地菠菜和火焰儿菠菜下来了，色深浓绿，素而不淡，焯得了放在炸酱面上，不仅好看，还让人仿佛咀嚼到了春天。初夏时节，小萝卜是最好的时令菜，那份清爽的甜美是任何其他菜蔬所无法比拟的。只可惜，小萝卜的应季时节很短，也就两个星期的光景。过了这两个星期再吃，萝卜糠了不说，也没了那特有的鲜味。三伏天里最经典的菜码当然是顶花带刺的黄瓜。不过很多人并不把黄瓜切成丝，而是端着碗炸酱面，举着根黄瓜，吃两口炸酱面，咬一口黄瓜，既便利又开胃。秋天是收获的季节，菜码的品种也丰富多样，水萝卜、胡萝卜当然是切成丝生着放上，芹菜可以焯了切成细细的丁儿，鲜毛豆用水煮熟了也是很好的菜码。进了十冬腊月，天寒地冻，外面飘着雪花，无论在哪里，吃一碗有开水焯过的大白菜头切成丝做面码的炸酱面，浇上一勺腊八醋，就上两颗腊八蒜，那个感觉就叫家。如果想换换口味，自己泡点绿豆芽，四季皆可。

说到炸酱面的菜码，不由得让我想起小时候那首脍炙人口的北京童谣：

青豆嘴儿、香椿芽儿，

焯韭菜切成段儿；芹菜末儿、莴笋片儿，

狗牙蒜要掰两瓣儿；豆芽菜，去掉根儿，

顶花带刺儿的黄瓜要切细丝儿；心里美，切几批儿，

焯豇豆剁碎丁儿，小水萝卜带绿缨儿；

辣椒麻油淋一点儿，芥末泼到辣鼻眼儿

炸酱面虽只一小碗，七碟八碗是面码儿。

不紧不慢地吃上一碗简单的炸酱面，品味着北京人朴素的讲究，仿佛品味一段美妙的皮黄，疏朗活跃相成相济，滋润调和相得益彰。这不仅是一顿舒坦的饭食，更是居家过日子最起码的享受。因为这碗面里浸润着我们的文化，我们的世界观，正所谓“一面一世界”。

好吃不过饺子

俗话说："好吃不过饺子。"对于北京人来讲，形似元宝的饺子是再亲切不过的美味了。

暑气初蒸的头伏，要美滋滋地吃上碗饺子，讲究是"头伏饺子二伏面"；七月初七乞巧节，要吃的是"乞巧饺子"；朔风乍起的立冬，也要津津有味地吃碗饺子，老人们管这叫"安耳朵"，有道是"立冬不端饺子碗，冻掉耳朵没人管"；大年初一子时刚过，必得吃全素的"五更饺子"，为的是除旧岁迎新年；没过几天"破五"了，出了年禧，不再忌讳，家家开始剁肉馅儿包饺子，或猪肉大葱，或猪肉白菜，最地道的当然要数猪肉茴香馅，一口一个浓香肥润的肉丸子，吃起来那叫一痛快！家里有人出远门儿当然要吃饺子，这叫"出门饺子回家面"；而一句"过年了，我们吃饺子！"话语里又包含着多少力量，多少憧憬。

饺子，亦菜亦饭，吃法可谓是五花八门——蒸、煮、煎、炸、烘、炀、火锅样样都成。饺子的馅儿更是可繁可简，可荤可素，要问到底有多少种？恐怕谁也说不清。我在微博上做过一次调查，问："您爱吃什么馅儿的饺子？"结果不到一小时回贴数百条。像什么韭菜大虾、豆角猪肉、山芹菜猪肉、青椒鸡蛋、牛肉萝卜、羊肉大葱、笋干黄花木耳馅儿、角瓜虾皮、西葫芦鸡蛋、玉米西红柿……这些常见的馅儿料不下几百种，还有朴素的如西瓜皮馅儿，洋气的如黑松露梭鱼馅儿，清雅的如龙井茶馅儿，实惠的如大马哈鱼馅儿，别致的如韩国泡菜馅儿等等，变化多端的馅料正如斑斓多彩的生活般五味杂陈，真可谓"包罗万象"，品不尽，说不完。最有意思的是中国烹饪大师白常继先生，他说印象最深的是大井酸浆豆腐店的臭豆腐馅儿饺子，臭香臭香的，头天吃了第二天还臭着呢。

饺子可以作为餐厅里席面上的一道菜，甚至可以作为镇店名肴。当年老北京著名的八大楼中鸿兴楼的看家菜正是薄皮大馅的饺子。普通人用一两面只能包出几个饺子，而鸿兴楼的师傅用一两面却能包出二十多个来。可见那面和得有多筋道。那里的饺子馅料更是丰富至极——肉的、素的、甜的、咸的、鱼虾海参的、杂色什锦的……能有上百种之多。这么说吧，只要顾客点，没有不能应的。最绝的是煮饺子用的不是清水而是高汤，煮得的饺子一口咬下去，能把人浑身上下每个汗毛孔都香个透。

不过提起热腾腾的饺子，人们常常联想到的却并不是餐厅，而是温暖亲切的家——也许是年三十热热闹闹的家宴，也许是小炕桌上的其乐融融，也许是妈妈亲手塞在书包里的那个包着毛巾的烫手的饭盒……

曾经有一次，一个朋友说想吃猪肉白菜馅儿的饺子，我说："那简单，咱们去饺子馆吃就是了。”朋友答道：“饭馆里吃的也能叫饺子吗？只有家里包的才是！”是呀！饺子，这种最能体现农业文明储藏文化、尽显包容之美的吃食，似乎天然地和家联系在一起。家里做其他饭菜一般都是主厨一个人的事情，可唯独这包饺子，往往是全家上下一起动手，和馅儿的和馅儿，擀的擀，包的包，一边聊着一边干，其乐融融，仿佛开了一次家庭会议似的。就连小孩子也要煞有介事地包上两个不成样子的饺子，在他们眼里，这不亚于一次开心的游戏。不一会儿，大圆盖帘儿上就转着圈儿地码满了白白胖胖的小元宝。转眼间，饺子煮得了。那带着家人清晰指纹的饺子，一口一个，越吃越美。一家人吃着香喷喷的饺子，仿佛日子也有了奔头儿。

北京人还有个习俗，就是包饺子不光自己家吃，还要作为礼物送给街坊邻居尝上一尝。过去居家过日子，不管是炒菜做饭还是炖肉炸鱼，一般来说是不会相互送的，可唯独这饺子是个例外。若是谁家包了饺子，煮得了以后必会先捞出十几个装在盘子里送给隔壁和对门的老街坊，这是个心意，也是个礼数。院门一开，一盘冒着热气的饺子往上一端：“婶儿，今儿我们家吃饺子，您也尝尝。”一切的尊重和友善尽在不言中，比什么礼物不实诚？比什么礼物不金贵？到了过年过节的时候，往往是街坊四邻之间相互馈赠，结果是可以吃到各家各户的饺子。

中国人从什么时候开始吃饺子，谁也说不清。人们长久地吃它，聊它，已经把它当作生活的一部分。相传饺子来源于张仲景的“祛寒娇耳汤”。东汉末年某个寒冷的冬天，张仲景看见许多来乞药的贫苦百姓冻烂了耳朵，就琢磨着把羊肉、辣椒和一些祛寒药材切碎了用圆形的面皮包成耳朵形状，取名“娇耳”，每天用大铁锅煮熟后捞出来分给大家每人两个，外加一碗热汤。人们吃下这热腾腾的“娇耳汤”顿时寒气尽消，血脉流通，从肚子一直暖和到耳朵。这么吃了一段时间，冻烂的耳朵自然痊愈了。一来二去，这“娇耳”也就传成了饺子。饺子是否是张医圣发明的我不知道，不过这个传说肯定有不确切的地方，因为辣椒是明代才漂洋过海传入中国的，因此也把它叫秦椒或番椒，东汉时代根本没有。

我曾亲眼见过的最古老的饺子是在国家博物馆里陈列的几个手指长短、形似偃月，已经干枯如石头的饺子标本，是1968年在新疆吐鲁番阿斯塔那村发掘出土的唐代墓葬中发现的，据说这是迄今发现的最古老的饺子。《东京梦华录》中写道：“汴京市食有水晶角子、煎角子和官府食用的双下驼峰角子……”《武林旧事》中记载：“临安市食中有诸色角儿”，这里所说的“角子”、“角儿”就是我们今天吃的饺子。可见，宋代吃饺子已经成了民间习俗。

不同的时代，不同的地域对饺子的称谓不尽相同，比如山东人从元代就把饺子称作“扁食”并且一直沿用至今，其中尤以“济南扁食”最为有名。而北京人从元大都的时候起一直到民国都把煮饺子叫做“煮饽饽”。饺子那洋溢着朴实之美的月牙般外形，在各地都差不多。不过要说老北京的饺子还真有些个与众不同。就是当初旗人包饺子的形状都是仰面朝天的，号称“仰巴饺子”，而且旗人吃饺子还有个讲究，就是不能一次煮一大锅，而要一次煮十几个，只够一家人每人吃上两三个，吃完了再煮下一锅。这么煮的好处在于吃到嘴的饺子总是保持着最佳的口感与味道。

常有人问我：“什么馅儿的饺子最好吃？”我只能回答：我最爱吃

的饺子要数老北京特色的羊肉黄瓜馅儿。羊肉最好选腰窝，这样不但有肥有瘦，还有筋头巴脑，吃起来柔韧筋道，鲜美汁多。把腰窝不紧不慢地剁了，再搅进去泡好的花椒水，为的是去除膻味，也能让肉更鲜嫩。黄瓜用礤床礤成细丝，略微攥一攥汤，之后加上葱末、姜末、海米末、鲜酱油、盐和肉馅儿搅拌在一起。接下来和馅儿。

和馅儿貌似简单，却也是门技术。真正讲究做饭的就是在最普通的环节上显示手艺和心智。老北京把和馅儿叫"馅儿活"，讲究要一手把着锅沿，另一只手顺着一个方向搅，用力越均匀馅儿和得越滋润。刚调好的馅儿并不能马上使，必须要先静置十来分钟后才能用。如果馅儿和得不到家，汤就不能完全融进馅儿里，放上一会儿就会往上返，馅儿表面就会汪着一层汤汤水水。如果放上一会儿馅料没有动静，就说明馅儿和好了。俗话说"和好的馅儿会说话"就是这个意思。黄瓜出汤，羊肉吃水，这一荤一素搭配在一起相得益彰，鲜嫩的羊肉浸润了黄瓜清新的汁液，那份销魂的鲜香实在是用语言描述不清的。中国烹饪的精髓完全仰仗着调和艺术，即使是做一顿再普通不过的饺子也能表现得淋漓尽致。

北京特色的饺子馅料有很多种，比方说茴香馅儿的。要说也怪，在南方的超市里各种进口洋蔬菜琳琅满目，可却很难见到这种长得像水草似的茴香的踪影。许多南方朋友甚至从来没听说过有种叫茴香的菜。可在北方，这茴香是最普通的大路菜。茴香有一种奇特而浓烈的香气，头一次吃它的人免不了一下子联想到中药。也正是因为有这种味儿，它可以去除猪肉的腥腻气，让肉更香，所以特别适合做馅料包饺子，包包子。地里的茴香可以割上好几茬，做饺子馅儿最好选用嫩绿纤细的头茬，包出的饺子吃起来才鲜。鲜和嫩总是联系在一起的。茴香吃荤，调茴香馅儿必须多放一些肉，最好稍微肥一些，而且还要加上一些五香粉，这样吃起来才肥美香腴。

很多人都喜欢吃白菜饺子，可现在却很少有人知道黑菜饺子了。其实在老北京的饺子馅料里，黑菜可比白菜要金贵得多。特别是讲究吃点儿喝点儿的旗人更喜欢吃这个。为了吃上这口黑菜，起码要花费上小半年的功夫。究竟什么是黑菜呢？其实就是晾干了的菠菜。

夏秋时节买回整捆整捆的鲜嫩伏地菠菜清洗干净，略微焯过，仔细晾晒风干了以后储藏在盆里或口袋里封好了。等到十冬腊月拿出来泡发、剁碎，放在煮肘子或炖肉的肉汤里用微火慢慢地炖，直到快要炖干了锅，黑菜吸饱了汤汁变成了菜泥，再和稍微肥些的猪肉馅儿和在一起，加上葱、姜、料酒、酱油等等调料包成一个个元宝似的小饺子。原本很便宜的菠菜，就这么变成了旗人家里炕桌上的精品美食，吃起来格外是味儿。若是有亲戚朋友来家里做客，主人必会特意点上一句："今儿个咱们吃黑菜馅儿饺子。"因为这种饺子足以表示出主人对客人的款待和尊重了。

饺子不一定是荤馅儿的，素馅儿的饺子也有特别讲究的。老北京有一种斋戒时吃的面丁馅儿的饺子，是把面擀成片切成丁，用小火炸焦，拌馅儿的时候随包随放，煮好后吃在嘴里咔蹦咔蹦的，别有一番风味，比放焦圈排叉还好吃。

其实各地都有一些独特的馅儿料，比如东北的酸菜白肉馅饺子、烟台的鲅鱼馅饺子、天津的皮皮虾馅儿饺子、陕西的牛肉韭黄馅儿等等，吃起来都各有特色。那么到底什么馅儿的饺子最好吃呢？甭问——家乡的味道最好吃。就像很多北京人迷恋茴香馅儿饺子，尤其是在春节期间的“破五”，因为“茴香”与“回乡”谐音，对家的眷恋怕是比饺子更让人回味。而美味含蓄委婉地感应于人们的心灵，是任何其他东西所无法替代的。

记得有一位网友这样留言：“那年，天冷，在倩倩家。她母亲包饺子，豆角馅儿加肉糜，又放少许花椒，自己揉面擀皮，一片欢腾。等呼啦啦滚热地上桌，还未尝鲜，已经陶醉。热气迷糊了小窗，现在想来，仍有余味。”读着这样的文字，仿佛一盘热腾腾、水灵灵的饺子正摆在您面前，空气中也充盈着幸福的气息，怎能不让人心里暖烘烘的？

是呀！对于我们许多人，饺子早已不单单是用来充饥和解馋的吃食。它那难以抵御的魅力在于它寄托了太多难以描绘的情感——或对于亲人，或对于童年，或对于故乡。从这层意义上说，无论饺子里包的什么馅儿，朴素中蕴含着的朴实与温情，都是一样的鲜香醇美。

包子有肉不在褶儿上

生活中常听到有人讲："包子有肉不在褶儿上。"大概意思是说做人要把真本事藏在里面，要内敛，要不显山不露水。这句再普通不过的俗话，恰恰准确地反映了中国人的品性。

中国人祖祖辈辈是农民，在这片并不肥沃的土地上，吃饭问题自古至今都是第一大问题。从孔圣人的"民以食为天"到现在的党中央的一号文件，无不在谈吃饭问题。中国人见面第一句话自然要问"您吃了吗？"因为这是我们这个饱尝苦辛的民族一睁眼就要面对的现实。农耕需要风调雨顺，因此中国人的性格和顺而含蓄。农民整年春种秋收，收获的粮食要囤积起来吃上整整一年，所以中国人把包容与内敛视为美德。反映在吃上，也就自然喜欢把各种好东西藏在内里。包着精华美味，用貌似温柔的水蒸制而成的包子，无疑是最能体现中国人品性的经典美食了。而且不论长城内外，大江南北，有不吃饺子的地方，却少见不吃包子的区域。顺便提一下海洋文明熏陶下的西方人：渔民出海捕捞最希望的是晴朗的天气，所以他们见面首先是问“今天天气怎么样？”捕上鱼来当然是吃最新鲜的，放时间长了鱼就臭了，包藏和存储对他们来说并不重要，所以直到今天西方人喜欢吃的东西也是把精华的部分放在外表，然后简洁明快地用烈火干柴去烤。比萨、蛋糕，无不如此。吃，其实就是一面映照出不同地域人性特质的镜子。

回过头来再说包子。虽说都是包子，外形也基本上大同小异。包子里所蕴藏的内容却是丰富多样，异彩纷呈。从最粗俗的大菜包子到精细的蟹粉小笼，还有那让外国人百思不得其解的灌汤包儿。天上飞的，地上长的，水里游的，这么说吧，只要是能吃的东西，几乎没有什么不能包进包子里的。这真是体现了中国兼收并蓄，融合包容的文化品性。也确实应了“有肉不在褶儿上”的俗语。

据说包子的发明者是诸葛亮。宋代有一本叫《事物纪原》的书里说，诸葛亮南征孟获的途中发明了带馅儿的肉馒头。因为诸葛亮是山东人，这种食品渐渐地被称作山东包子。后来，包子逐渐演化为老百姓的看家主食。包子的品种也越来越丰富多彩，比如广东的奶皇包和叉烧包、上海的南翔包子、成都的韩包子、无锡的小笼包、浙江的水煎包、天津的“狗不理”等等不胜枚举。老北京的包子讲究是猪肉葱花馅的“一撮摺儿”，直径半寸来长，咬开是个小肉丸子。扬州用海参、鸡肉、猪肉、笋、虾仁做馅料制作的五丁儿包子更是精细，曾被乾隆赞誉为“滋养而不过补，美味而不过鲜，油香而不过腻，松脆而不过硬，细嫩而不过软”。总体来说，南方的包子小巧玲珑，口味偏甜腻，北方的包子质朴大气，口味偏咸香。要说最有特色的包子，我以为还得说是山东烟台一带正宗的胶东大包子。

胶东大包子馅儿里的主菜可以是焯得半熟的扁豆，也可以是白菜或蒜苗，但最地道的用料应该是角瓜。有些地方也叫做番瓜。这种瓜很大，一个角瓜怎么也有七八斤重，椭圆球似的，白色的瓜皮下透着淡淡的绿，光溜溜的。偶尔也带着几片不规则的深绿色花纹。角瓜并不在地里大面积种植，而只栽在田间地头，最多是种在各家各户的房前屋后。秋风初起的时节，镶嵌着大片大片绿叶的长长藤蔓顺墙爬到房顶上，把屋顶遮盖得严严实实，一个个硕大的白色果实点缀其间，洋溢着收获的丰裕。夕阳里，劳作了一天的胶东汉子爬上屋顶，摘下一个大角瓜憨厚地笑着递给屋下的女人，之后就可以搬上把木椅静静地坐在院子里望着远近屋顶袅袅的炊烟，喝上口水，抽上袋烟了。

包包子是女人的活计。她必先把这大角瓜用清水洗刷干净，之后切成色子丁儿大小，用盐杀去汤汁，放在一个大大的挂了釉的陶土盆里预备着。然后，把一大块五花三层的大肉切成了大方丁儿，或者把半扇猪肋排剔除骨头，一根根剁成大块儿。之后的工作便是酱炒肉了。火不能太旺，油要比炸酱多放些。等到油八成热时，把肉丁儿推进去，刚一变色，那女人迅速地倒进黄酱，用铁铲子搅拌均匀，细细煸炒。当然，酱不宜放得太多，以把肉丁儿浸润了为度，太多了就变成炸酱了，而不能做包子馅儿。

酱很快吸干了锅里的油，紧紧地包裹着肉丁儿。这时要继续不紧不慢地翻炒。炒肉的过程需要时间和耐性，但这活计并不枯燥，却是一种充满了诗意的温馨享受。暖烘烘的炉火映着女人的面颊，锅里的酱慢慢咕嘟着，女人心里暖融融的。她制作的不仅仅是包子馅儿，更是那份体贴和温馨，是实实在在的家的味道。

渐渐地，浸润了酱汁的肉丁变成了绛红色，而刚才吸进酱里的油又溢了出来，肉丁和酱交融合一，滴上料酒，再多放些葱末儿、姜末儿进去。顿时，灶台周围的空气里也仿佛浸润了浓郁的酱香。把炒好的肉丁儿盛出来，照着肉、菜各一半的比例与事先预备好的角瓜丁儿均匀地搅拌在一起，就成了包子馅儿。

之后，大盆和面，擀小饼似的包子皮，包包子。

山东包子最大的特点就是个头儿大。一个包子能将近半斤重，透着山东人的实诚和质朴。再壮实的汉子一顿饭也超不过四五个，女人们吃上两个也就差不多了。也正是由于个头儿太大，山东包子的形状也很特别。它并不像大多数地方的包子是圆的，而是像个胖乎乎的小兔子，一头圆滚滚，另一头是尖尖的嘴。之所以是这么个形状，原因是包包子时女人用一只手是托不起来的，她必须把擀好的皮放在案板上，把馅儿盛在皮上，一只手从前面轻轻托起皮，另一只手从后边左一下、右一下相跟着捏出对称的褶来，直到捏出前面的尖嘴。再有一个特点，正宗的胶东包子下锅蒸时也并不放在屉布上，而是放在一片晾干了的薄薄的玉米嫩皮上。一张玉米皮正好放置一个长长的大包子。

别看包子个头儿大，但蒸起来好熟。道理很简单，因为馅儿基本是熟的。炉膛里熊熊的火苗映衬着女人幸福的脸，她会抬起手腕擦一擦额头上的汗水，抽空去剥上几头大蒜。那可是吃包子必不可少的配菜。大约二十分钟吧，灶台上弥漫了热腾腾的蒸汽。那女人揭开木头锅盖。一阵薄雾升腾，锅里一个个又白又暄腾的大包子活像云雾之中一只只灵动的小白兔，那么招人喜欢。女人麻利地双手托着那张嫩嫩的玉米皮，把包子一个个拣到笸箩里，端上饭桌。孩子们正迫不及待地坐在那里，小眼睛里透出贪婪，那汉子红彤彤的脸上也洋溢着笑意，正等待着幸福的晚餐呢。

吃大包子不用筷子，只需用手托着玉米皮捧着吃。这样一来可以保证包子不破，二来手上不会沾上油水。对着包子那个小尖嘴一口咬下去，顿时浓香满腮——酱香浓馥的大肉丁儿味道浓重却不油腻，绵软的角瓜丁儿吸尽了油脂，让包子馅儿香醇可口。雪白的包子皮更散发着一股玉米特有的淡淡清香。大口大口享受着这质朴的口福，体验着胶东大包子特有的实诚、憨厚与利落，再就上几瓣爽口的大蒜，几个大包子下肚，人心里觉得格外踏实。

所谓生活，不正是温馨的劳作和它所带来的这份可以实实在在吃到嘴里的幸福吗?

（注：说了饺子，似乎不能不聊聊包子。不过给我印象最深的包子并不在北京，而是胶东的大包子。鉴于北京菜与山东菜的渊源，把这篇短文附在这里。虽说不算京味儿，但浓浓的亲情是一样的。）

下馆子

下顿馆子解解馋

1.

现代人请客吃饭讲究下馆子，即使是家里来了亲戚到了饭点儿也常常是到附近的餐厅撮上一顿，很少有在家自己动手做的了。这一来是图省事，二来是觉得馆子做的怎么也比家里丰盛。对于那些朋友、同事、业务伙伴间的往来走动则更是理所应当地要下馆子，似乎唯有这样才透着体面。

其实这种风气只是近三十年来的事情。在老北京，最高规格的宴请讲究是在家里。如果是办婚丧嫁娶或者给老人做寿之类的大事，还要在院子里摆开阵势搭上棚，专门请厨子到家里来掌灶。朋友之间的走动更是以请到家里作为最高规格的礼遇，因为唯有请到家里才透着亲切，才算没把对方当外人。至于吃什么都在其次，关键要的是那股子家味儿，哪怕是一顿饺子就酒都透着温暖、实诚。

早年间，京城里真正的贵胄王孙和达官显贵们也并不下馆子。这些人家里都有自己的家厨，极少有人去街上吃饭解馋。不过倒还真有专门伺候这帮爷们的地方，那就是承办大宗筵席的饭庄。饭庄不是馆子。从经营上说那里不接待散客，而只承办几十桌、十几桌的宴会。从字号上说饭庄都叫什么堂，比如东城的庆丰堂、天寿堂，西城的聚贤堂、富庆堂，什刹海的会贤堂等等。这些堂无一例外都有多进的庭院和豪华的宴会厅，甚至有气派的戏台和曲径通幽的花园，比馆子要气派得多。

随着社会的发展，当年的饭庄几乎全都淹没在历史的尘埃里，只有一家奇迹般地留下了痕迹，这就是创始于清咸丰八年的惠丰堂。惠丰堂的菜肴以山东熘、烩菜独树一帜的。这家的烧烩爪尖、烩生鸡丝、糟烩鸭肝、糟熘鱼片等等菜品汁浓而色鲜、味厚却不腻。烩、熘貌似简单，却极其考验厨师的手艺，稍微生疏点儿就做得没模样了。当年慈禧有机会品尝了惠丰堂的菜后赞不绝口，专门下旨招惠丰堂的厨子入宫做御膳，并钦赐匾额“惠丰堂”。今天您到翠微大厦的这家餐厅仍能见到这块牌匾。

那么馆子是什么呢？北京人说的馆子主要是服务于京城里各衙门普通官僚、文化机构里的文人雅士、各家商号的买卖人以及形形色色在京城各种场面上行走的人物的餐厅。这些顾客有点像现在所说的白领阶层。馆子没有大饭庄的排场，但却也雅致清净，虽然没有大宴会厅，但除了散座还会有单间雅座。老北京的馆子里最具影响力的当数“八大楼”。而这“八大楼”经营的菜肴有一个共同的特点，就是几乎是一水儿的鲁菜。

号称八大楼之首的东兴楼开业于光绪二十八年，原先在东安门大街路北，经营着上百种庄重大气，醇和隽永的胶东菜。镇店名菜是葱烧海参、沙锅熊掌、烩乌鱼蛋、芙蓉鸡片、酱爆鸡丁等等。位于大栅栏煤市街的泰丰楼开业于同治十三年，当时从规模上说堪称南城之最，看家菜是山东风味的一品锅、葱烧海参、沙锅鱼翅、烩乌鱼蛋、酱汁鱼。前门外煤市街的致美楼历史更为悠久，明末清初的时候就开业了。据说最早做的是姑苏菜，后来也改成了山东菜，四吃活龟、云片熊掌、三丝鱼翅堪称一绝。鸿兴楼同样是山东风味特色，不过最出名的不是菜，而是薄皮大馅的山东饺子。当然，这里的菜品也很地道，葱烧海参、鸡茸鱼翅、锅塌鲍鱼、醋椒鱼样样拿手。位于前门外肉市南口的正阳楼擅长做鲜肥丰腴的山东螃蟹，镇店名菜是小笼蒸蟹、酱香鲜蟹等等组成的“螃蟹宴”，而这家馆子的“涮羊肉”在东来顺出名之前就享誉京城了。虎坊桥香厂路口的新丰楼不仅以地道的鲁菜白菜烧紫鲍、油焖大虾著称，而且素面和杏仁元宵也很出名。还有王府井的安福楼，拿手的是经典的山东名菜糟熘鱼片、沙锅鱼唇。

八大楼的菜工艺考究别致，手法变化多端，讲究是“爆炒烧燎煮，炸熘烩烤涮，蒸扒熬煨焖，煎糟卤拌汆”样样齐全。虽然各个楼都有同名的菜品，但口味却各具特色，所以深受各方人士喜欢，也留下过许多对后世产生深刻影响的精英们的身影。1912 年到 1926 年，鲁迅在北京生活了十五个年头。根据《鲁迅日记》的记载，八大楼中鲁迅去过一大半。其中光和胡适去东兴楼就有过两次，一次是胡适请鲁迅，另一次是郁达夫请鲁迅和胡适。日后，两位新文化运动的领军人物走上了各自不同的道路。正所谓“三杯两盏扬长去，莫问前程路坎坷”。

说到北京的鲁菜，还不能不提提创办于1930年的丰泽园。这家店虽说没有八大楼历史悠久，但其影响力却巨大而深远。真格是菜肴丰饶、味道润泽。以至于北京有句老话叫做“炒菜丰泽园，酱菜六必居，烤鸭全聚德，吃药同仁堂”。这里的菜品多达三四百种，素有“吃了丰泽园，鲁菜都尝遍”的说法。其中葱烧海参、一品官燕、通天鱼翅、鸡汁鱼肚、清炖裙边、烩乌鱼蛋堪称京城名菜中佼佼者。新中国成立以后，周恩来、刘少奇、朱德、邓小平等领导人都曾在丰泽园宴请过外宾。毛泽东在家中接待贵宾也经常请丰泽园的师傅去掌勺，而且他还很爱喝丰泽园的乌鱼蛋汤。

2.

八百年帝都的北京城历来是名流荟萃，商贾云集的宝地。生活在天子脚下的人们对各地的特色菜肴自是吃过见过。那么为什么唯独鲁菜在京城的馆子里有如此显赫的地位呢？这里面有深厚的历史背景。

山东人讲究怎么做，怎么吃的历史实在是太悠久了。齐鲁大地自然条件优越，不仅是黄河流域最富饶的地方，而且濒临大海，天上飞的，地上跑的，河里游的不算，光海鲜的品种就不计其数。丰富的物产资源为鲁菜的形成发展提供了坚实的基础。

自古以来，山东就是名厨辈出的地方。厨师行业的祖师爷，也就是那位把自己的儿子烹了给齐桓公吃的易牙就诞生在这里。他的烹饪技艺非常高超，并凭借这个本事做上了齐桓公的宠臣。尽管他“杀子以适君”后来又参与政变的行径被世人唾弃，但对中国烹饪技艺特别是鲁菜的形成确实起了巨大的作用。

更为重要的是，齐鲁大地是孔子的故乡。而怎么做，怎么吃的问题在孔圣人看来是和修身养性紧密联系在一起的大问题。在对中华文化影响至深的《论语》里有许多内容是关于吃的。不仅有“食不厌精，脍不厌细”的名言，还详细阐述了诸如“鱼馁而肉败不食，色恶不食，臭恶不食，失饪不食，不时不食，割不正不食，不得其酱不食”等等观点。圣人光辉照耀下的山东自古就是文教发达，人才辈出的文化渊薮之地，而与文化底蕴密切相关的饮食自然也就相当发达了。

引领饮食潮流的从来都是权贵和文化人。如果说中国两千年的封建社会有世袭贵族，那么要首推孔子家族了。不管如何改朝换代，孔子后裔所独享的衍圣公封号从宋仁宗一直延续到清末千年不改。历代统治者必要到曲阜“祭孔”不说，达官显宦和文人儒者也都要去朝圣。作为东道主的孔府为了接待这些贵客，在吃上所下的工夫可想而知。而那些帝王将相带来的厨子和手艺也丰富了孔府菜的内容并影响到整个山东。一来二去，鲁菜吸取了各地菜肴的精华，当然是精湛无比。而这精致的菜肴连同他们的制作者——鲁菜的厨师就更加备受皇城里那些贵胄们青睐而源源不断地涌进京城。据说在明代紫禁城里的御厨大都为山东人。

清朝入关以后继承了明朝的皇宫同时也继承了皇宫里的御膳房。作为马背上得天下的满族原本在吃上不怎么讲究，但当环境发生了变化，从游牧民族一跃变成贵族之后就必须讲究起来，而最先讲究的当然就是饮食。文明的程度往往就表现在一张嘴上。

“一菜一味，百菜不重”的鲁菜口味或清鲜脆嫩，或香醇丰腴，让那些大清的皇亲国戚们在大饱口福的同时也被中华饮食文明所折服。加之清代在京的山东籍官员非常之多，仅状元就出过六位。像口碑甚好的刘墉刘罗锅也是山东人。为了适应这些权贵及其随从的口味，京城的鲁菜繁盛无比。特别是在康乾盛世的一百多年里，社会稳定经济繁荣，鲁菜那宽松而恬淡，古朴而精致的风韵，注重深厚功夫的技法和当时的社会氛围如水乳交融般和谐一致。任何典雅文化的兴起都需要一大批既有钱又有闲，而且有文化、懂欣赏的追捧者，京剧如是，鲁菜也如是。发展到后来，追求“吃点，喝点”成了那个曾经骁勇善战的民族许多精英们倡导的生活方式和生活态度，并直接影响到京城里从各级官吏到平民百姓的各色人等。

到了清朝末年，社会风气已经非常奢靡，京城里的餐饮业兴隆异常。那些腰缠万贯的八旗子弟自然不放过这个可以让钱“下蛋”的好机会。怎奈《大清律》规定旗人不许经商。为了掩人耳目，他们就私底下雇用吃苦耐劳、手脚麻利的山东人，特别是善于烹饪的胶东人为自己经营。这些厨师们剃着光头，干净利落，伙计们个个穿着蓝布小褂儿，胳膊上搭着条白手巾。他们温和热情的用带着山东口音、节奏洪亮清晰的北京话和顾客们打着招呼，“二爷，您来啦！您里面请！”同时又保持着圣人家乡父老所特有的体面。客人们被伺候得舒舒服服，确实找到了“爷”的感觉。很多人不理解为什么称呼“二爷”而不叫“大爷”呢？因为山东出过打虎英雄好汉武二爷，而他的哥哥武大郎，一般是不愿意提起的。

鲁菜本来分成两个派别：追求清鲜淡雅的胶东菜和口味醇厚浓馥的济南菜。然而，北京的馆子里为了满足不同客人的需要往往是两派的厨师都请。这就使得北京的鲁菜融合了两派的特色。不仅如此，为了照顾到各方人士的口味，这些菜和山东当地的菜肴在烹饪方法上也有了许多变化。这么一来北京的鲁菜和原始的鲁菜就有了很大不同。确切地讲这种改良了的鲁菜应该称为京鲁菜。京鲁菜在相当长的一个时期里构成了北京菜的主体，和流入民间的宫廷菜，北京的清真菜以及一些在北京有影响的江南菜共同构成了兼容并蓄的北京菜。

烹饪是艺术，而艺术的生命力就在变化之中。

3.

京鲁菜的代表作首推“葱烧海参”。事实上从清末到20世纪中期，北京的许多馆子都把这道菜作为头牌。直到现在，颇具神秘色彩的京西宾馆的招牌菜里还有这道葱烧海参。

这道菜的用料看似简单，但无论从选料到烹制工艺都相当考究。先说这海参，是同鱼翅、网鲍、广肚、鳖裙等齐名的海八珍之一，品种繁多，能用来吃的就有几十种。京城做的葱烧海参和山东当地并不相同。从原料上说，山东的葱烧海参用的多是刺参，而北京用的基本是体大肉厚、滚圆肥壮的梅花参。另外，山东人不爱吃甜，这道菜在当地的做法是不怎么加糖的。而北京的葱烧海参要加冰糖，口味偏甜，而且用油偏少，芡汁也比山东的靓。这么一来，就越发显得鲜润腴美，甜鲜淡雅了，也讨得更多的食客们喜欢。

北京吃到的海参都是干制品泡发的。发干海参可是门手艺，不同品种的海参要用不同的方法。发得好的海参外形透亮，吃起来弹牙而滑润；发得不好，则要么又艮又硬，要么又烂又糟。同样的一斤干货一般人也就发出个三四斤，而一个行家能发出七八斤。海参的大小按每斤重量的个数可以分为“多少个头的”。做葱烧海参讲究的要选三十头左右的。这种档次的参发好后如果用手一攥正好能从拳头两边各露出个头来，因此有个专门的称呼叫“两头露”。

葱烧海参做起来相当复杂，不仅要进行漫长而精心的准备，而且要经过泡、炼葱油、蒸、烧等若干道程序。别看海参营养丰富，但本身却既不鲜也不香，可以说没有任何味道。要把这无味之味烹制得令老饕惊艳，完全仰仗着烹饪调和的功夫。

第一步是泡。把发透的海参收拾干净自不必说，还必须要用加了几滴白醋的热水泡上一会儿后，再放到清水里反复漂浸两个多小时，为的是去除海参特有的苦涩。接下来要对海参初步润味儿：五成热的大油爆香了姜片和葱段后放上高汤熬开，用这汤泡上海参过两个钟头后再把海参取出来，重新熬开了高汤再泡，如此重复三四次，味道才能滋润。

接下来是炼葱油，这可是关键的一步。这道菜里的大葱不是配料而是主角。山东人癖好葱姜蒜，其中的大葱更是备受山东人喜欢。“南甜北咸东辣西酸”里的“东辣”说的就是山东的葱姜蒜，而并不是指的辣椒。不过葱烧海参里的葱吃起来不觉得辛辣反而满口脆甜，奥秘在于必须选用山东章丘的“大梧桐”葱，这种葱葱白能有半米多长，有股特别的香气，绝非一般的葱能相提并论。一捆大葱只用葱白，切成和海参差不多长的段。配料是姜片、蒜片、桂皮、香叶等等小料外加一把香菜根。用温热的大油把姜片、葱段爆出煳香，立刻依次放进其他配料，炸到那雪白的葱段变成金黄色，马上放进香菜根一爆，夹出葱段，滤出渣滓，葱油就算炼好了。这一捆大葱就能炼出一小碗葱油，当然是浓缩了葱和各种辅料的精华，鲜香馥郁至极。

炼葱油滤出的渣滓并不倒掉，而是要放在碗里作为铺底，再加上高汤，点上酱油、料酒等调料上锅把海参再蒸一刻钟，这样才算入味饱满。检验海参是否入足了味儿有窍门，就是如果咬上一口，断面呈黑褐色才算合格；如果是白茬儿的，就是还欠功夫。再说那煎好了的金黄色葱段，同样也要加上姜和高汤、料酒蒸上片刻，为的是让它也浸透了高汤的鲜美，吃到嘴里才能分外浓郁。

一系列准备工作做充分了，真正到“烧”这步其实很快。热油炒糖色，放进海参稍微翻炒，作料里高汤、姜汁、冰糖、酱油、料酒等等调料是必不可少的，还必须浇上两勺刚才炼好的葱油，待到汤汁见少，勾上硬芡，让汤汁全部均匀地包裹在海参上，装盘。

到这一步并没完活，还要把蒸透香味的葱段再用葱油略微煸煸后码放在海参上，均匀地淋上一勺刚才炸得的葱油，让大葱的作用发挥到淋漓尽致。这样做出来的海参闻一闻葱香浓郁，尝一尝咸鲜微甜，口感酥糯，清远而不失醇厚，毫无矫揉造作之感，充分彰显了鲁菜讲求品质、注重内涵的风格，怎能不令老饕闻香垂涎？

4.

2010年深秋的一个中午，我到尚存的八大楼之一泰丰楼吃饭，靠窗邻座处坐着一位满头银发，风度优雅、神态安然的老太太。她坐在轮椅上，膝盖上搭着条草绿色毯子，旁边有个保姆模样的小姑娘服侍着。餐桌上只摆了一盘葱烧海参、一碟黄瓜和一小碗白米饭。阳光透过窗外的树枝照射进来，撕碎的光影投射在她的银发上，也投照在餐桌上那盘质朴大气的名肴上，一缕淡淡的热气缓缓升腾如云雾般飘荡，那棕红色的参也越发显得晶莹油润。老太太慢慢地吃着，独自咀嚼着所钟爱的美味，像是在默默地坚守着自己的内心世界，又像是在追忆某种悠远的感觉，从那古老的菜肴里品尝出一段流逝的时光。

乾隆遗风江南韵

1.

一个地方菜肴做得是否精美，往往与那里的文化是否悠久繁荣有很大关系。

千山千水千才子的江南，历来就是名肴精馔荟萃之地。风流天子乾隆帝曾经流连忘返于江南美景，不仅把水乡烟雨朦胧的景色引进了圆明园，也把江南的美味带回了北京城。从那以后，苏菜在北京的影响就非常之深远。许多人也许并不在意，就连卤煮火烧这种贫苦百姓喜爱的粗蔬粝食，究其来源竟然会是精致细腻的江南佳肴。

乾隆第五次下江南，从扬州带回了名厨张东官，在御膳房专门设立了“苏灶局”，烹制芳香醇厚、口味酥烂的大鱼大肉。日久天长，“苏灶”被写成了“苏造”，灶上做出来的菜也就成了“苏造肉”、“苏造肘子”、“苏造鱼”、“苏造糕”，灶上用的汤也就成了“苏造汤”。后来一来二去，“苏造”的手艺传出了紫禁城，大薄片儿的“南府苏造肉”成了东华门外专供大臣们上朝前吃的早点。

光绪年间，国势衰微，猪下水代替五花三层的大肉片儿，调料进行了精简，卤煮小肠诞生了。再往后，索性把火烧放到锅里一起煮，再加上炸豆腐，亦菜亦饭的一大碗——便宜，实惠，解馋。这就是非常受穷苦人欢迎的卤煮火烧。吃，最能生动反映真实的社会生活了。

再往远了说，其实北京人本来就和江南有着千丝万缕的联系。在所谓的老北京里，有相当一批人的祖先是明清时代参与北京城建造的工匠和手艺人，而这些人如果追根溯源祖籍大多是江浙一带。像赫赫有名的样式雷家族就是清朝初期从金陵应招进京成为皇室建筑设计师的。这是题外话。

2.

卤煮火烧的形象毕竟离人们心目中那些形态精巧玲珑、清雅多姿的江南菜相去甚远。那么咱们来聊聊老北京的苏菜馆子吧。

上世纪二三十年代，西长安街是一条非常繁华的商业街。那一带的馆子有所谓“长安十二春”之说，分别是：庆林春、大陆春、同春园、方壶春、东亚春、新陆春、鹿鸣春、四如春、宣南春、万家春、玉壶春、淮扬春。这些馆子装潢雅致，经营的大多是口味滑嫩爽脆，浓而不腻、淡而不薄的江南菜，而且字号里又都有一个“春”字，充满了江南风韵。

口味类似、风格相仿的馆子在同一时期出现在同一个路段，自然有其特殊的社会背景。民国初年，优游终日的膏粱子弟仿佛一夜之间退出了主流社会。许多具有新思想的江南籍社会名流和维新派人士来到北京，其中不乏当时的国会议员和政府官员。那时候的许多政府机构就在西长安街附近，民国国会就在离西长安街不远的地方，也就是现在宣武门西大街的新华社院内，当时那里叫国会街。“长安十二春”的适时出现满足了这些人品尝家乡美味的夙愿，也供他们追忆江南山水的温馨氛围。

“长安十二春”的顾客群里还有相当一部分文化名流、学者教授。民国初期，在蔡元培等人的倡导下北京的高等教育一度出现了空前繁荣的局面。继北大、清华之后，燕京大学、辅仁大学等一大批高等学府相继落成。这些大学里不论是教授还是学生许多都是江南才俊。而民国政府教育部就在西单路口南侧，是清代的敬谨亲王府改建而成的。包括鲁迅在内的一大批具有新思想、新做派的文化名流就曾在此供职。各所大学里的社会贤达、文人雅士也经常来这里办事。公干之余，当然少不了吃饭聊天，以文会友。吃什么呢？自然是家乡的口味最好。翻开1926年（民国十五年）5月10日的《鲁迅日记》会看到这么一段话：“午后得语堂信，招饮于大陆春……”这位“语堂”就是后来写出了描绘北京从清末到抗日战争三十多年间风云变幻之杰作《京华烟云》的作家林语堂先生。看来当时二位的关系还不错。

“长安十二春”为这些来京的江南名士们化解过无数的争夺，成就了许多段友谊，也演绎过太多风花雪月。1931年初春的一天，一个穿着米黄色绸布大褂，三十几岁，鼻梁上架着眼镜的温文尔雅的教书先生从西郊的清华园风尘仆仆赶到大陆春，在这里他结识了双腮晕红的陈竹隐，开始了一段刻骨铭心的爱情故事。他就是朱自清。此前一年，这位江南才子刚刚发表了《北平实在是意想中中国唯一的好地方》一文，文中精准地概括了这座城市的特色："北平第一好在大。从宫殿到住宅的院子，到槐树柳树下的道路……北平第二好在深。北平的深，在最近的将来，是还不可测的……北平第三好在闲。北平的一切总有一种悠然不迫的味儿。"并且发出了饱含深情的感慨："北平已成了我精神上的家，没有走就想着回来。"

细想起来，许多餐厅都留下过名人的身影，都有过太多可以追忆的故事。餐厅满足了人们精神和身体的双重需求，演绎的不仅是饮食文化的变迁，更是流动着的生活景象。还有比餐厅更能生动反映社会风貌的地方吗？然而，却从没见把哪家餐厅当成文化遗产像名人故居一样保护起来的。

光阴流转，社会变迁。"十二春"中的绝大多数都已无处寻觅，个别重张开业的也只是借用当年的名号，手艺上并无传承。唯有一家一直延续到了今天，就是现在位于新街口外大街的同春园。

同春园开业于 1930 年，当时是在西长安街路北，现在电报大楼西侧的一个不大的四合院里。1954 年迁到了西单十字路口西南角。我上中学的时候天天路过这家店的门口。现在还依稀记得那西洋风格的圆拱形门楼和踩上去吱吱作响的木地板。那时候的早点，常吃他家的炸春卷，酥脆的春卷皮裹着松软滑嫩的馅料，咬上一口，一不留神鲜美的汤汁就会淌到身上。

同春园最早的主厨王世忱祖上两辈子都在王府里当厨，家传深厚。

而且自己还亲赴南京、镇江深造，手艺精湛绝伦。当然，一家像样的餐厅光有名厨还不够，还必须有镇店名菜。王世忱的拿手绝活是苏州名菜松鼠鳜鱼，据说当时做到了让食客“闻香下马，知味停车”的地步，人们大老远地从京城的各个角落奔着这条“松鼠”而来。上桌之前，吃主儿们眼巴巴地盼望着，兴奋地议论着，等到红润生动、吱吱作响的鱼端上餐桌，大家津津有味地吃着松脆酸甜的鳜鱼，争相赞叹厨子的刀工和手艺，享受着这来源自江南的快乐。

齐白石老先生也非常好这口儿，经常专门过来吃这道菜。有一次，齐老先生带着关门弟子娄师白到同春园赴宴，娄师白下黄包车时因为急着去搀扶老先生，不小心把自己的大褂儿剐破了个大口子，又是尴尬又是心疼。齐白石为让徒弟开心，进店落座后要来了纸笔，挥毫泼墨，画就了一幅《补裂图》送给娄师白，上面还题诗一首：“步履相趋上酒楼，六街灯火夕阳收。归来未醉闲情在，为画娄家补裂图。”

同春园除了松鼠鳜鱼等等大菜，还有一道曾享誉京城的经典小菜，那就是号称“镇江一大怪”的水晶肴肉。据说镇江人早晨下馆子并不吃点心，而是泡上一壶热茶，来上一碟姜丝香醋，品上一盘水晶肴肉为食。我没有去过镇江，是否属实不得而知。不过同春园的肴肉卤冻晶莹剔透状如水晶，肉色鲜红清亮，入口精细香酥，清醇鲜嫩，着实不错。在北京倒是没见把水晶肴肉当早点吃的，而且吃法也和江南不太一样，不蘸姜醋，还撒上细细的胡萝卜丝和黄瓜丝。这么一来肴肉变成了一道红白绿色相间、凉鲜爽口，专门在夏天吃的京式小凉菜了，还传下来一首赞美肴肉的诗：“风光无限数金焦，更爱京江肉食饶。不腻微酥香味溢，嫣红嫩冻水晶肴。”

3.

松鼠鳜鱼是苏菜的代表作，原本是苏州名店松鹤楼的看家菜。它的来历据说也和乾隆皇帝下江南有关。苏州评弹里还专门有一段“乾隆大闹松鹤楼”。有一种传说是：乾隆第四次下江南时曾化名高天赐来到了苏州观前街的松鹤楼，看见神台上欢蹦乱跳的大鲤鱼，就想捉出来烧着吃。无奈这鱼属敬神“祭品”，按风俗是不能用来做了吃的。这可怎么办？店里有个高明的厨子急中生智，把鱼取出来，运用精湛的刀工把鱼头雕刻成松鼠头的模样，剔除鱼骨再将鱼肉翻过来，割划得错落有致，宛如松鼠毛皮，之后过油炸得色泽金黄油亮。做得的鱼装在盘里，鱼口微张，鱼身轻轻翘起，条条鱼肉挓挲开来，活脱一只竖伏在盘里，翘首缓步的大松鼠。这么一来即避免了宰杀“神鱼”的罪过，又博得了乾隆的欢心，而且还暗合了“松鹤楼”字号里的“松”字。菜端上来，趁热浇盖上调制好的糖醋芡汁，那吱吱的响声，就像松鼠欢叫。乾隆吃得高兴，对这道外脆里嫩、酸甜适口的佳肴大加赞赏，从此松鼠鱼就成为苏菜的主角。后来，这道菜不断改进，渐渐地换成了肉质更细嫩、味道更鲜美的鳜鱼。

鳜鱼是纯中国特产的名贵淡水鱼，有的地方叫花鲫鱼，外国人也称它为中华鱼。鳜鱼在水里是吃小鱼小虾米的，所以肉质特别鲜嫩，而且肉厚，刺少。吃鳜鱼的最佳时节最好是在桃花盛开的三、四月间，因为春天的鳜鱼最肥美。那句著名的唐诗“西塞山前白鹭飞，桃花流水鳜鱼肥”，说的就是这回事儿。中国的各大菜系中几乎都有鳜鱼，比如鲁菜的醋椒鳜鱼、徽菜的臭鳜鱼、粤菜的碧绿鳜鱼卷等等。可若论知名度，还得说是苏菜里这道刀工精湛炫目夺人、形态生动活泼的松鼠鳜鱼更胜一筹。

现在，北京人要想品尝松鹤楼的松鼠鳜鱼也不必特意千里迢迢跑到苏州去。因为北京有好几家号称“松鹤楼”的餐馆，其中离王府井不远的台基厂小街深处那家青瓦白墙、飞檐翘角的松鹤楼菜馆算是开业最早的。这家店虽说只有二十多年历史，但在京城却颇有影响。在柳芽泛绿的早春，您可以来这品尝着爽滑的碧螺虾仁体会潇潇春雨；闷热的三伏天，这里鲜嫩肥美、吱吱作响的响油鳝糊正脍炙人口；秋高气爽蟹脚痒，入口肥鲜、雅洁可人的雪花蟹斗让您仿佛置身于太湖之滨；而飘雪的正月里，象征吉庆有余、红红火火的“松鼠鳜鱼”当然是不变的经典。

我曾特意去苏州观前街的松鹤楼尝过这道名菜，感觉口味和北京还是有所区别的。似乎苏州的更甜腻肥浓，颜色也更红润鲜艳。摆盘子的时候边上还特意配上一串碧绿水灵的葡萄，不仅品相上更加靓丽夺目，吃的时候就上几颗葡萄，嘴里也透着酸爽利落，这也算是调和的艺术吧!

4.

老北京有影响的苏菜馆子远不止同春园一家。1921 年开业于王府井北口八面槽的玉华台就是靠江南菜中的精华淮扬菜而享誉京城的，据说当年“年计流水盛时可达十万金”。1949 年 10 月 1 日开国大典当晚，由北京饭店承办的新中国“开国第一宴”的主厨就全是来自玉华台的淮扬菜大师。

“开国第一宴”作为新中国成立以后首次重大宴会，参加的嘉宾有六百多人，来自五湖四海不同的社会阶层。既有党和国家领导人、解放军高级将领，也有各民主党派和社会各界知名人士，还有少数民族代表和许多朴实的工人、农民、战士。宴会选用什么菜真可谓众口难调。几个方案报了上去，周恩来总理亲自拍板，确定选用了清丽悦目、咸甜适中，菜肴面点皆全的淮扬菜。

江苏淮扬一带临江近海，又有大运河经过，不仅自古是盐、茶、药材、丝绸、珠宝百货云集之所，而且更是文人墨客钟情之地。尽管和京城相距千里，在民风上却有许多相似之处——一样的安然自在，闲适散淡，一样的善于享受生活的乐趣。而且一样的人文荟萃，五方杂处。一方风土养一方滋味，深得美食名著《随园食单》精髓的淮扬菜肴和代表“南甜”的苏州菜又有不同，相对平和淡雅、滋润利落，尽显清净细腻之美，具有很强的适应性，可以为东西南北各方人士所接受。

于是，承办国宴的北京饭店特地邀请了当时玉华台的淮扬菜大师朱殿荣等九位身怀绝技的名厨掌勺“开国第一宴”。当年的冷菜有酥烤鲫鱼、油淋仔鸡、炝黄瓜条、水晶肴肉、虾籽冬笋、拆骨鹅掌、香麻海蜇、腐乳醉虾，头道菜是乳香燕紫菜，热菜有红烧鱼翅、鲍鱼四宝、红扒秋鸭、扬州狮子头、红烧鲤鱼、干焖大虾、鲜蘑菜心、清炖土鸡。还有四道精美的淮扬面点：菜肉烧卖、淮扬春卷、豆沙包子、千层油糕。宴会取得了巨大成功，被一些就餐的民主人士誉为“神品”。

从此，淮扬菜也成了新中国国宴的首选菜并逐步发展成了今天人民大会堂的“堂菜”的主体，更被许多人誉为现在的“国菜”。

人间有味是清欢

1.

北方人以羊为鲜。要问京城哪有能吃到鲜美羊肉的馆子？不出三个，您准能提到东来顺。“涮肉何处嫩？要数东来顺。”百余年来，清真馆子东来顺的涮羊肉几乎是家喻户晓，俨然成了北京乃至北方饮食的招牌。这家百年老店当初创业也实属不易。

东来顺的创始人丁德山是光绪年间住在东直门外二里庄的一个回回，早年间和两个兄弟靠往城里送黄土为生。后来用卖力气攒下的积蓄在东安市场摆起了一个专卖小米粥、贴饼子、扒糕一类贫民吃食的摊位取名“东来顺粥摊”，意思是从“京城东面来的，希望生意做得顺顺当当”。在丁德山的精心打理下，这粥摊的生意还真不错，引得当时宫里的太监主管魏延也经常光顾。丁德山挺会来事，每次都伺候得这位老太监舒舒服服。一来二去，魏太监竟然就认丁德山做了干儿子。

1912年，东安市场着了一把大火，粥棚也被烧得个干干净净。不过丁德山却因祸得福，魏太监亲自出面张罗着帮他重新盖了三间瓦房，经营内容不仅增加了羊汤、羊杂碎，还不惜重金聘从当时做涮羊肉最出名的正阳楼饭庄请了位切肉师傅，专门推出了“涮羊肉”，而且字号也改成了“东来顺羊肉馆”。

清真菜选料极其精到，讲究羊身上的各个部位有不同的用途。涮羊肉必须用羊身上的好肉，一只四五十斤重的大绵羊，真正能用来涮着吃的肉也就十二三斤。丁德山很会做买卖，琢磨出穷人和富人在吃上的不同心态。他把剔下来的那些筋头巴脑不能涮的肉剁馅做成馅饼，在店门口支上几个大饼铛，整天刺啦刺啦地烙着，让过往的行人闻香垂涎。馅饼卖得很便宜，尤其受那些到东安市场等客人的洋车夫们欢迎。吃着又便宜又实惠的馅饼，车夫们心里头美，碰到有找馆子吃饭的客人自然帮助做开了义务宣传：“您下馆子吃饭呀？哪家馆子好吃？东安市场东来顺的涮羊肉呀！那儿的味儿才正呢！”车夫把客人拉到了东安市场，客人进店里吃精细讲究但并不便宜的涮羊肉，车夫在外吃香腻油润的便宜馅饼，各得其乐。

东来顺也对得住来吃的顾客，不仅羊肉选料精到，而且切得薄如蝉翼，涮起来越发显得鲜嫩。这里的小料也调得格外精细，比如谁家涮羊肉的小料里都有韭菜花，可没人知道东来顺的韭菜花里放了酸梨片，蘸在肉上酸甜可口，别有一番滋味。再如糖蒜，都是选腌了三个多月的大六瓣蒜，咬上一口，甜得淳厚，辣得爽利。尽管价钱有点贵，不过物有所值，留住了不少回头客。就这么着，一传十、十传百，东来顺买卖越做越红火。渐渐地还添上了红汁大芡的清真炒菜，成了京城首屈一指的大馆子。

2.

如果说东来顺是靠着涮羊肉这一道菜来挑门立户的，那么另一家清真餐厅西来顺则是凭着百十来道精巧、雅致的热炒而享誉京城的。老北京曾经有句顺口溜，叫做：“东来顺及西来顺，羊肉专家谁与竞。”在行里人嘴里，京城的清真菜常常被分成两派：以东来顺为代表的充满乡土气的“东派”和以西来顺为代表的富于都市时尚感的“西派”。

西来顺开业在1930年，那时候的店址在繁华的西单牌楼东侧，东家是当时京城商会会长冷家骥和西单恒丽绸缎店经理潘佩华。别看这二位都不是厨师出身，可这西来顺的菜却真有叫绝的地方。大到号称“屠龙之技，家厨难学”，排场多达百十多道菜的宫廷大宴全羊席，小到一碟应季的爽口小菜都能做出独到之处。而且是一菜一味，道道不重。不仅如此，这里还有许多吸取了西餐烹饪技艺的新派清真菜，就连食材也引进了不少“洋菜”。原料里不仅有当时中餐馆里很少用的洋芋、生菜、西红柿、芦笋，辅料里还常用番茄酱、沙拉酱、咖喱粉、起司粉等等这些新鲜玩意儿。这种兼容与创新在那时候的京城餐饮界可算得上是件新鲜事儿。当时《北京实报》有这样一条报道：“西长安街的西来顺，在教门馆子中比较摩登……往往运用思想，发明一些新菜式，介于半中半西之间，也介于荤素之间，阔人请客，朋友小吃都行得。”

要说那时候北京的清真馆子可算不少，但像西来顺这么有影响力的却不多，这其中自有其道理。正像一出戏的成败往往取决于有什么样的角儿挑大梁，一个餐厅的好坏在很大程度上取决于有什么样的主厨。开业不久的西来顺能很快享誉京城完全仰仗于这里的主厨——清真菜的一代宗师褚连祥。

褚连祥也叫褚祥，是世居牛街寿刘胡同的回回，家里四代为厨，打小儿深受饮食文化的熏陶，十几岁时就是京城有名的清真厨子了。宣统元年，褚连祥进了清宫御膳房专做清真菜，不但学到了宫廷菜全羊席的独门绝技，还借鉴了不少鲁菜和苏菜的烹调技法。清朝灭亡以后，二十几岁的褚连祥又成了北洋政府总统府清真厨房的掌灶大厨。

老北京的厨师属于手艺人。他们敬重自己的行业，更敬重自己的手艺。他们会为手艺投入全部的心智和精力。而这凝结了心智的手艺又返回头来使他们自信、自尊，提升了他们的人生境界，同时也赢得了行业内外的尊爱。褚师傅凭借着对烹饪艺术极高的悟性和不断的钻研学习，练就了一身高超的手艺，不仅受到府里府外要员们的赏识，还结识了好些当时深受西方文化影响的社会名流，耳濡目染间接触到了不少西餐的烹饪理念和技巧。最可贵的是，他不落他人窠臼，博采各家之长，在不失清真菜根本的前提下把这些舶来品和传统技法相融合，创造出了几十道烹调考究配合，立意别致的新菜。然而，褚师傅变而不离其宗，并且在变化中逐渐形成了自己独有的风格。比如，在他之前，北京的清真菜里是不用海鲜的，是他把鱼肚、鱼骨、鱼唇、燕窝、海参、海蜇等多种海鲜引了进来，让这个菜系从食材上有了突破。

鉴于褚师傅的名望，西来顺开业之初就请他做了经理并主理厨政。褚师傅也确实为西来顺的创业费尽了心思，不仅讲究兴致，更追求创意。面包是中餐从来不用的食材，但褚师傅却把它切成小丁炸酥了，和滚烫的鸭泥羹一起端上桌，酥脆的面包丁当着食客的面趁热撒在羹汤里，随着“刺啦”一声响，必会引得一阵惊喜赞誉之声。这道别致醇浓的美味就是著名的鸭泥面包。

在西来顺，褚师傅不仅创造了鸭泥面包、高丽鸡卷、凤凰寻窝、翡翠鱼肚、万年青鱼翅等等七十多道备受食客们青睐的新菜，就是那些很常见的菜肴经他之手也都做得独具匠心。清蒸鳜鱼在许多餐厅都有，可褚师傅在蒸的时候加进了螃蟹，鲜美别致就不是其他地方能尝到的了。在西来顺，即便是一道像凉拌黄瓜这样的应季小菜也融进了心思——鲜嫩的黄瓜段配上炸千子米——红绿相间，清爽宜人，看着喜兴，吃着开胃。在褚师傅的精心打理下，西来顺开业不久就红遍了京城，也吸引了不少当时的文人雅士和社会名流前来捧场，这其中就有京剧“四大须声”之首的马连良先生。

3.

马连良先生是穆斯林，不但戏唱得好，在吃上也非常讲究，讲究到有人这么说：“马老板的吃与唱一样，前者精致到挑剔，后者挑剔到精致。”其实这一点也不稀奇，艺术是相通的，一个在艺术上有追求的人在吃上必定不会将就。马先生会吃，而且善做，清真菜里的“爆肉梨丝”是他传授给爆肚冯的，“醋熘木须”是在他指导下偶然发明的。这位艺术大师兼美食家和褚连祥也有着很深的渊源。2010年我应邀到中央电视台做节目，恰巧遇到了马连良的孙子马龙先生，他给我讲了一段祖父与褚连祥和西来顺的故事。

有一次马连良唱完戏到一家馆子吃饭，忽然听到楼上枪响，紧接着一阵大乱。一打听才知道原来是北平警备司令的小舅子跟别人为争一个雅间动起手来，放出话来要砸了这家馆子。马先生当时已经是颇具社会影响力的名伶了，于是挺身而出，左右调停，把事摆平了。当时在这家馆子掌灶的正是褚连祥。

之后不久，褚师傅到了西来顺。为了表示对马先生的敬意，褚师傅特意在香酥鸭的基础上创新了一道菜，并且命名为马连良鸭子。因为马先生祖籍山东，所以这道菜借鉴了传统鲁菜香酥鸡的烹饪工艺——先腌再蒸最后炸；马先生的夫人原籍扬州，所以腌制鸭子的汤料采取淮扬风格的配料，包括草果、白芷、桂皮、八角等等，超过二十种。这道结合了鲁菜和淮扬菜的鸭子菜外皮金黄酥脆，里面软烂鲜嫩，吃起来没什么油不说，连骨头嚼起来都能津津有味，香气四溢。这道菜今天已经成了乔迁于和平门附近的西来顺饭庄之镇店名菜。

4.

餐厅要想站得住脚就要有自己的文化本源，而且要在这个前提下不断创新，广采博长各家精华并转化成自己的特色。在这方面，褚连祥可以说是一位划时代的人物。他对许多传统的清真菜进行了改进，比如“炸羊尾”，原本真是用绵羊的尾巴油切薄片做馅裹上蛋清糊炸的，吃起来油腻不说，膻气味还很重，许多人吃不惯。褚师傅借鉴西餐的技法，把羊尾巴油换成用上等红小豆经过熬煮、去皮等多道工序制成的细腻豆沙，炸出来后颜色嫩黄不煳，外形丰满漂亮，看上去和羊尾一模一样，吃起来却是一道口感细腻松脆的甜点，这么一来不但像马连良那样的美食家爱吃，就连小朋友也喜欢。不仅如此，从工艺上说褚师傅还引进了鲁菜和苏菜的吊汤工艺，炒菜的时候用鸡鸭高汤免去羊肉的腥膻气；而做鱼的时候又重用口蘑、干贝汤以突出鲜醇，使清真菜肴的制作更加精湛，味道更加隽永。

可惜褚师傅英年早逝，1947 年因病离开了人世。北京人从来都敬重有真本事的手艺人。当时京城各大报纸纷纷以《名庖师褚祥逝世》为标题进行了报道，缅怀这位不墨守成规，赢得了职业尊严，为清真菜开辟出新天地的一代宗师。

后来西来顺因为种种原因歇业了三十余年，直到 20 世纪 80 年代初才在白塔寺对面重张开业。不过褚师傅的手艺并没有失传，当初他带出了许多“西派”弟子遍布在北京各个清真餐厅里，并且和“东派”相互学习交流。

做工清洁、选料精到的清真菜在北京有八百多年历史。元代有一本叫《居家必用事类全集》的书里还专门列有“回回食品”一项。明代永乐年间，随“燕王扫北”的回回兵营中还出过一位出类拔萃的梁姓厨子，受到过朱棣的嘉奖，被赐予“大顺堂梁”的美誉。这位厨子收了不少徒弟，逐渐形成了北京的清真厨行。经过几百年日臻完善，到了东来顺、西来顺的时代可以说发展到了一个巅峰，最终形成了北京菜的一个重要流派——伊斯兰京菜。

5.

北京的清真餐厅远不止东来顺、西来顺这两家。光叫“顺”的就还有南来顺、北来顺以及又一顺。怎么叫又一顺呢？东南西北都排满了，又来了一个“顺”。老北京话“东来西去又一顺”里说的就是这个“又一顺”。

说起又一顺，和东来顺还真有点渊源。它本来是1948年东来顺在西单开的分号，不但保持了东来顺招牌菜涮羊肉，还请到了褚连祥的两位高徒烹制白汁靓芡、清新典雅的“西派”烧扒菜，融汇了东来顺和西来顺两家老店之所长，形成了自家的特色。这家店在西单路口西南角迎接南来北往的客人长达半个世纪之久，直到1999年才搬到黄寺一带。

我在西绒线胡同上中学的时候每天都要经过又一顺。中午饭经常去吃他家的牛肉包子，印象里那形状像个大铃铛似的，味道也相当别致。还记得有一次非常奢侈地去吃了一回他家的镇店名菜——它似蜜，那酱香味和清甜的感觉至今想起齿颊尚余香甜。据说这道名肴来自西域，原本叫塔斯密，是随乾隆皇帝的爱妃香妃传入紫禁城的，后来传到民间，因为味道甘甜似蜜，一来二去叫成了“它似蜜”。它似蜜要用羊身上最鲜嫩的两条细细的里脊切成薄片，上浆，炸熟了，再用白糖和蜂蜜采用蜜汁手法并加香醋浓汁冷芡烹制。一盘它似蜜端上桌来，看着色泽红亮，形似杏脯，吃起来酸爽滑嫩、鲜甜回绕、甘醇不膻。我想，所谓“尽善尽美”的原意，说的就是这么一道甘美的清真佳肴吧?

有道是“人间有味是清欢”，我想用这句话来描述北京的清真菜再合适不过了。

川菜未必麻辣烫

现如今，北京的川菜馆可是不少，经营着各种源自巴蜀大地的大菜小吃。大街小巷随处可见的天府豆花庄、四川小吃店里随时可以吃到麻辣烫、担担面、酸辣粉，一些颇具影响力的川菜餐厅里也开始流行像水煮鱼、酸菜鱼、毛血旺等等风格豪爽粗犷，用料威猛大胆的江湖菜，而且有相当数量的“粉丝”趋之如骛。这可能和现代人追求新奇，喜欢刺激的社会风尚有关吧。

不过，作为四大菜系之一的川菜在北京真正流行的历史并不算太久。由于历史的原因，加之难于上青天的蜀道阻碍了天府之国的诸多美味进军京城的步伐。上个世纪中叶以前，京城里的川菜馆只有零星几家。而川菜真正在京城形成气候还是新中国成立之后的事。

1.

说起北京的川菜，首先要提的就得说是宫保鸡丁了。这道菜的名号得自于清朝的著名大臣丁宝桢。丁宝桢杀安德海的故事早已家喻户晓——同治八年秋天，慈禧的心腹太监安德海在她默许下以采办龙衣织料的名义威风凛凛地走出了北京城，顺着京杭大运河一路南下。他一边打着“奉旨钦差”、“采办龙袍”的条幅招摇过市，一边公然巨额索贿。船刚到山东地面，生性廉洁刚烈的山东巡抚丁宝桢一怒之下派兵抓了安德海，并以“太监私自出宫，违背祖制，本大臣并未接到朝廷的命令，必诈无疑”的名义果断地把他处决了，弄得慈禧也无可奈何。这件事在当时震惊朝野，就连曾国藩也赞叹丁宝桢是个“豪杰士”。后来丁调任四川总督，整顿吏治，改革都江堰水利设施，创办四川机器局，又改良盐法，年增帑金百余万，并且戍边御敌有功，被朝廷加封了“太子少保”的头衔，人称“丁宫保”。

丁宝桢不仅是个忠臣，同时还是个不折不扣的吃主儿。在山东的时候他就酷爱吃经典鲁菜酱爆鸡丁。到四川任职以后，他也把这个癖好带到了巴蜀。不过山东菜的爆鸡丁用的是面酱，进了四川，丁大人入乡随俗，让厨师改成了当地刚刚流行开来的豆瓣辣酱，而且放进了辣椒、花椒，还点缀了四川特产的小花生米。不想鲜辣的辣椒和香脆的花生夹杂在鲜嫩的鸡丁里不断地轰炸着食客的味蕾，更加勾起食者的食欲，让这道菜大受欢迎，渐渐地成为丁宫保宴请宾朋席面上的看家菜。一来二去，人们把这种改良过的放了辣椒、花生米的酱爆鸡丁就叫成了宫保鸡丁。至于有些餐厅里写成“宫爆鸡丁”，则是以讹传讹了。后来这道菜随着川菜在全国的流行传到了各地，自然也就传进了北京。

按理说，宫保鸡丁是地道的川菜，应该是麻辣或鱼香口味的，但北京的宫保鸡丁则不然。北京的宫保鸡丁是甜酸口味，只是微微有些麻辣。这种口味有个专有名称叫做“小荔枝口”。说起个中因由，就不能不讲讲京剧艺术大师梅兰芳和新中国成立后北京第一家专营川菜的馆子——峨嵋酒家的典故。

峨嵋酒家开业于1950年，那时候的店址离长安剧院不远，门脸也不大。梅兰芳先生在长安剧院唱完戏后听说这儿新开了家菜馆就特地过来品尝。梅先生虽然出生在北京，但籍贯是江苏泰州人，受家庭影响，口味偏清淡，而且为了保护嗓子不敢吃太辣的东西。考虑到梅先生的特殊需求，峨嵋酒家的厨师就专门针对他的口味对这道菜进行了改革，让它既不失川菜特有的麻辣，又兼备江南菜的甜酸。

梅先生品尝以后大为赞叹，于是隔三差五地专门过来吃这道宫保鸡丁，吃完了觉得不过瘾，还要装到饭盒里带回家去。那时峨嵋酒家的条件简陋，梅兰芳这么大的艺术家经常光顾，酒家的同志总觉得有些“对不住”似的。梅先生知道后笑了笑，诚恳地说道：“我是来吃菜的，又不吃桌子、凳子腿的。”1960年5月，峨嵋酒家开业十周年庆典之际，梅大师再一次来到这里品尝了宫保鸡丁之后仍意犹未尽，提笔写下了“峨嵋灵秀落杯盏，醉饱人人意未澜。应时识请培育广，良庖能事也千般”的诗句。这里的川菜也被梅大师誉为“峨嵋派川菜”，从此名声大振。当时像郭沫若、老舍、赵朴初、马连良等文人雅士也都纷纷光顾，成为那里的常客。梅兰芳先生为峨嵋酒家题写了牌匾，齐白石先生还专门为峨嵋酒家画了一幅大虾图。可见从古至今，文化名流从来就是餐厅里的一道风景。菜上桌佐以趣闻典故，而美味更在菜品之外。

峨嵋酒家的宫保鸡丁不仅具有川菜的特征，而且兼具江南菜的口味，还体现了北京菜的讲究，真可谓是集各家所长于一身。首先从原料上就讲究——用的不是通常的鸡胸脯肉，一定是带皮的小公鸡腿儿肉，因为只有这块肉才既滑爽又鲜嫩，而且有股韧劲儿，咀嚼起来给牙齿一种富于弹性的齿感。所谓齿感，吃的就是个组织纹理。这鸡腿儿肉切成的丁也不是一般的小方丁，而是菱形的梭子丁，为的是受热匀，入味足，又让鸡丁和花生米的形状协调一致。这种讲究调和的艺术正是烹饪的精髓。

热炒讲究观察火候，控制油温，主辅料下锅是要把握好时机的。烹炒这道菜必须得“锅红、油温、爆上汁”，火候很见分寸，一定要恰好把握在刚刚断生，正好熟之间的地步。这样炒得的鸡丁才能味浓而不腻，质嫩而不生，松散而爽脆。菜盛到盘里讲究是只见红油但不见汁。用筷子夹起一块鸡丁入口，先是感觉甜酸，再嚼起来鲜咸。细品一品，香辣里带着点椒麻的感觉。真可谓是五味迭出呀！不仅如此，这道菜还有个绝妙之处。一般爆炒的菜必须趁热吃，放凉了就皮了。而这道宫保鸡丁即使吃到最后菜凉了，也依然口感鲜嫩，口感和味道始终不变。

就这么一道简单的爆炒鸡丁，从山东的酱香口演变成四川的麻辣味，传进北京后又发展成了酸甜鲜辣香五味兼备的小荔枝口，丰富了川菜原有的七大口味——鱼香、麻辣、辣子、陈皮、椒麻、怪味、酸辣，成了具有北京风格的川味菜。

许多外地菜肴传到北京多年，随着环境和时代不断衍化，适应了不同食客的喜好，也融入了北京的饮食文化。正是因为京城五方杂处，这里的菜肴比任何其他地方都需要更强适应性，也就形成了北京菜调和众口，兼收并蓄的特征。

2.

各个地方的菜都有一个发展演进的过程，就比如现在川菜里的主要调料辣椒。提起川菜，人们的第一反应往往是被麻得吐舌头，辣得流眼泪。然而，辣椒是明代才从海外传进中国的。四川人开始爆食辣椒的历史就更晚，直到嘉庆时期的《四川通志》里都没有关于辣椒的记载。同治年间，吃辣椒的风俗才在巴蜀盛行开来，而辣椒成为川菜离不开的主要调料则是光绪时代的事情了。古典的川菜里怎么可能有辣椒呢?

也许有朋友问了，都没麻辣味了，还能叫川菜吗? 其实川菜的口味远不仅仅是麻辣烫。在北京，有一道既不麻也不辣的川菜佳肴，不仅是曾经颇有几分神秘色彩的四川饭店的看家菜，而且至今还经常摆上北京饭店和人民大会堂的宴席，这就是大名鼎鼎的开水白菜。

关于“开水白菜”的故事有好多，其中最著名的一个是说周恩来总理宴请日本贵宾，席近尾声时端上来这道开水白菜。一位女客看见只是一碗清水里面浮着半棵白菜心，觉得肯定寡淡无味，便迟迟没动勺子。周总理几次示意，出于礼貌，女宾拿起小汤匙轻轻搌了一点尝了尝。谁知，汤刚入口，那位女宾竟然立刻大瞪起双眼惊叫：“哇！太鲜美啦！”于是狼吞虎咽地喝了起来。

地道的川菜很少有山珍海味，但这道开水白菜却足以鲜过山珍海味，真个是香醇淡雅，清鲜浓郁，而且入口沉稳，不飘不窜，细品起来会让人感觉层次无穷。这其中的奥秘全在这开水一样的清汤里，不仅不见一星油花，而且没有半点儿悬浊。

现在许多厨师做菜离不开味精、鸡精、鸡汁一类的提鲜调味品，结果是做出的菜肴百菜一味。其实这些东西的鲜味没有层次，缺少回味，细品起来单薄得很。而真正的鲜汤却能融合百味，似淡实浓，鲜得有灵性，鲜得悠远而深邃。

开水白菜的汤瞧上去清澈透明，淡若清水，却蕴含着非常丰富的内容，是用母鸡、母鸭、火腿、干贝、肘子等等上好材料，经过“制汤”、“扫汤”、“稳汤”等等一系列繁琐的工艺，吊制七八个钟头加工出来的，自然是鲜美得让人的味蕾应接不暇。那汤中的白菜必要选最嫩的嫩黄色白菜心，用滚烫的清汤从顶上慢慢浇淋。菜心经热汤这么一淋，渐渐地像花瓣一样散开了，再继续浇，直到菜心完全熟软。最后把白菜放入汤碗，缓缓加进新的清汤，娇嫩的白菜漂在透亮的汤里如一朵绽放的花朵，蕴含了诗意般的韵味。整个制作过程中，烹调者的心境必须平和舒缓才会做出令人惊艳的效果，而这种心境也能融化在菜里，并传递给食客。一位有水平的吃主儿，是能够从菜品中体会出烹调者的情绪的。

开水白菜，多么朴实的名号！朴实得近乎自然。白菜本是俗物，若真叫个高汤白菜反而显得不协调了。这道川菜在北京的声誉甚至大大超过了当地。烹饪是艺术，也自然就符合艺术创作的规律——扬弃，发展，新生。

3.

回过头来再说说四川饭店，这家店原本在西单附近的西绒线胡同里一个很气派的四合院里，那里曾经是晚清时的勋贝子府。20 世纪 50 年代经朱德、陈毅等老帅们提议开设，周恩来总理批准并亲自定为四川饭店，并由郭沫若先生题写了牌匾。饭店开业的日子正值建国十年大庆——1959 年 10 月 1 日。这里的饭菜可谓是地道的川菜，连主副食原料都由四川专供。据说五六十年代的国家领导人中，除了毛泽东、刘少奇没到过这里，其他人都曾到此品尝过川菜。邓小平喜欢吃这里的炒豌豆尖、樟茶鸭、豆渣鸭脯，董必武喜欢吃宜宾糟蛋，杨尚昆喜欢樟茶肉和干烧鳜鱼。改革开放后，四川饭店更是接待过无数的各国政要，其中包括美国总统、英国首相、西班牙国王、澳大利亚总理等等名人。

四川饭店的院子共有四进，带一后花园，一般客人可以在一进院和门口的小吃店就餐，里面是专门接待领导和贵宾的。现在据说西绒线胡同的四川饭店已经不对外营业了。好在开了几家分店，在恭王府附近的四川饭店里，我吃到过那道著名的开水白菜。不过这道开水白菜确实不太大众，而且价格不菲，如果您做东遇到个懂行的当然赞不绝口，万一碰到个不识货的把它当成是熬娃娃菜了，也实在有些可惜。

我上中学的时候在北京三十一中，学校紧挨着四川饭店，中午的午餐经常是去四川饭店附属的小吃店吃担担面。还依稀记得那里的担担面不算很辣，上面浇一层浓香的猪肉臊子。大约是由于放了一种青灰色、切成细末的川冬菜的缘故，使得那份特有的鲜美难以形容。

前些日子去了两家当下颇有名气的川菜馆子，也都特意点了碗担担面，可吃起来除了死辣就再没什么感觉了。问及服务员：“这面里怎么没放川冬菜呢？”服务员朝我白瞪白瞪眼：“冬菜？担担面里放的是榨菜，没听说放冬菜的。”也许是因为我至今怀念中午放学去四川饭店吃的担担面，以至于“除却巫山不是云”，无论再吃到哪里的担担面都认为不能算是担担面了吧？口味的记忆属于触觉记忆，大凡对触觉的记忆都相当持久，相当顽固。

有时我心里琢磨，如果川菜简单到只放几根辣椒加把花椒外带一勺榨菜这么简单，恐怕也就进不了四大菜系了。其实现在北京许多的川菜馆子的菜都没有川味儿，还有一个简单得不能再简单的原因，就是地道的川菜用的盐应该是自贡产的井盐，而不是超市里买来的海盐。盐，才是一切味道的基础。这个道理看似简单，却未必每个食客都懂。

茶余饭后

礼轻情义重

1.

如果让您马上说出一个日常生活中还能用得上的满语词汇，您说的会是什么呢？我在微博上调查过，多一半的人说的是“萨其马”。看来这道满式小点心真是历久弥香，可以让现代人穿越时空，邂逅遥远的康乾盛世，和古人分享着那淡雅悠长的芳香与甜美。

萨其马本是满族点心，随着清朝入关而进了北京。经过三百多年的发展，现如今已经成了京式糕点的典范。一直有许多人好奇它为什么叫这么个怪名字？甚至为此编造出了好几段关于姓萨的将军和马的故事。其实这个名字和“比萨”、“培根”类似，仅仅是个音译罢了。因为制作这种点心的传统工艺最后一道工序是把做成大厚片儿的半成品切成小方块儿再码放起来，而在满语里“切”这个动词的发音是“萨其非”，“码放”的发音是“马拉木壁”，把这两个词各取一部分拼在一起，就成了“萨其马”，也有写成“赛利马”、“沙其马”的。这道点心本来有个汉语名字，叫做“油炸条甜饽饽”。或许是因为没有“萨其马”叫起来俏皮动听，而没能留存下来。

关于萨其马的来历，在王世襄先生的《饽饽铺，萨其马》一文中有这样一段话：“据元白尊兄（启功教授）见教：《清文鉴》有此名物，释为‘狗奶子糖蘸’。萨其马用鸡蛋、油脂和面，细切后油炸，再用饴糖、蜂蜜搅拌沁透，故曰‘糖蘸’。唯于狗奶子则殊费解。如果真是狗奶，需养多少条狗才够用！原来东北有一种野生浆果，以形似狗奶子得名，最初即用它做萨其马的果料。入关以后，逐渐被葡萄干、山楂糕、青梅、瓜子仁等所取代，而狗奶子也鲜为人知了。”

狗奶子到底是什么？很多年来没有定论。近些年有人考证应该是蓝靛果忍冬，通常就叫蓝靛果。这种灌木结出的浆果抗寒能力特别强，盛产于白山黑水之间的河岸、沼泽灌木或高山丛林里。东北人叫黑瞎子果，也有叫山茄子的。果实成熟时像颗颗紫蓝色的玛瑙珠，令人垂涎欲滴。那形状、大小、颜色真和奶头差不多。在伊春附近老百姓的土语里也有把它叫做“奶子”的种种称谓，比如羊奶子、姑奶子，而这其中就确有叫“狗奶子”的。蓝靛果鲜果的汁液是鲜艳的深玫瑰色，吃起来酸甜可口，晒成干以后则和葡萄干似的。

传统萨其马通常的做法是把白面用牛奶、鸡蛋清、白糖和好了，擀成面片儿，切成细细的面条儿，下进香油里炸到表皮酥脆、中空外直的程度，再放进掺了黄油和桂花、蜂蜜的糖浆里搅和。挂匀了浆液，成形后撒上金糕丁、青梅丁、葡萄干、核桃仁、瓜子仁等等果料，然后切成小方块儿，码放起来晾凉了。做好的萨其马就像一窝柔润透亮、金黄油润的金丝条盘踞成的一块块齐整秀巧的金砖，上面镶嵌满了红红绿绿的碎宝石般的果料。托在手里不粘手，咬上一口不黏牙，嚼上一嚼，柔软中带着酥脆，唇齿间浸满了蛋香、奶香和蜜香混合而成的特有醇香，外加酸酸甜甜的果料香，让吃的人香沁肺腑，真不愧是点心中的极品。

浓香甜蜜的萨其马不仅北方人喜欢，南方人也同样喜欢。据《鲁迅日记》记载，鲁迅在北京时最爱吃的点心就是蜜糖溶粘的满族点心“萨其马”。在《鲁迅与许广平》一书里也写道：“鲁迅给她们（许广平、林卓凤）泡了茶，又从那多层的书架上拿出灰漆的多角形的铁盒子，给每人一块萨其马。女学生第一次来，并不太拘束，谈了一阵学校里的人和事，就告辞了。她们还要赶回学校吃晚饭。”

传统的萨其马指的就是红萨其马。经过多少代的发展，后来又衍生出了很多新品种。比如有一种颜色发白、口感相对松软的白萨其马，制作上的区别在于原料里没加糖，而且炸的时候油温偏低，火色偏轻，吃起来口感也相对要清淡。有一种漂亮的芙蓉糕也是从萨其马演变出来的，就是在萨其马下面垫上一层炒熟的白芝麻，面上再均匀地蘸上一层薄薄的粉红色糖粉，看上去跟艳丽的芙蓉花似的讨人喜欢。

这么好吃的萨其马最初的用途可并不是给人吃的，而是满族人在清太祖努尔哈赤的福陵、清太宗皇太极的昭陵以及清朝远祖肇、兴、景、显四祖的永陵每年大祭、小祭和皇帝东巡致祭的时候必备的祭品。

和萨其马的形状非常接近的另一种点心是蜜供，也是用油和面后切成一寸来长的圆形小细条，再用油炸了裹上蜜糖稀。现在糕点店里的蜜供是成坨散着称了卖的。早先的蜜供不是这样，早先的蜜供是要一根根码放成精美的方柱形、万字形、十字形、扇面形等等造型专门用来上供的。有意思的是，不同的神仙所能享用的蜜供的高矮和规制也有区别。比方说寺庙里供神佛的是有三尺四寸高的大方塔，而且是一堂五碗；老百姓家里供灶王爷的仅仅六寸高，而且是一堂只有三碗。仔细看，蜜供又分两种，小面条中有一根细细的粉红线的是专门供神佛、菩萨的，现在糕点店里卖的多是这种。没有那条红线的是用来祭祀祖先的，现在很少见到了。

2.

北京传统意义上的点心大多数的主要功用都不是给人充饥或解馋的，而是祭祀、上供的用品，或是岁时年节、婚丧嫁娶乃至亲朋好友间礼尚往来时表示“点点心意”的必备礼品。为了满足祭祀、上供的用途，点心必须要能够长时间存放才行，所以制作点心的工艺基本上是易于食品储存的油炸、烤炙和蜜饯。同样道理，点心的形状也多是一块一块的，为了便于陈列码放。

像著名的京式点心大八件和小八件，前者一斤正好八块，分别是福字、禄字、寿字、喜字、枣花、卷酥、核桃酥、八拉饼；后者较为秀气，一斤称十六块，形状做成各种水果的模样，分别是小桃、小杏、小石榴、小苹果、小核桃、小柿子、枣方子、杏仁酥，而且要染漂亮的颜色。这么做正为了是上供的时候每盘码一样，每样两块，供上四盘或八盘，正好用上一斤。

除了上供，点心还是京城里各种人情交往离不开的媒介。像男女订婚的时候，在男方赠送给女方的彩礼里头必须要有龙凤喜饼。这是一种大块酥皮点心，每斤四块，每块上刻着龙凤图案，一送就得要一百斤。新女婿上门要带的专用点心是套环蓼花，象征“套环亲戚”，为的是取个吉利。蓼花，在北京话里第二个字读轻声，是用江米面团成团炸成黄灿灿的颜色，像个胖乎乎的大蚕茧，外面裹上层薄薄的白糖粉，吃起来蓬松酥脆，香甜轻逸。

在老北京，各种礼路场面讲究用不同的点心。点心的形状也琳琅满目、异彩纷呈，构成了京城生活中一道靓丽的景色。不管是为了上供用的还是送礼用的，都做得雅致、漂亮，让人看了就喜欢。这些艺术品般的美味里都蕴涵着制作者们精巧的手艺和虔诚的心智。因为在他们心目中，这些作品承载着一种礼仪，一种教养，是一种出自心灵深处的独特创造，这种工作近乎有些神圣。

3.

在北京人的语言里点心和小吃并不是一回事，这一点和南方人是有区别的。身为浙江钱塘人的袁枚在《随园食单》的点心单里把面条、馄饨、馒头、麻团乃至藕粉、面茶通通列为点心，可北京人却不这么看。北京人觉得那些都只能算做小吃。而小吃只是临时充饥或随便吃着玩儿的零食，所以又叫“碰头食儿”，不能称其为点心。北京人心目中的点心要比小吃庄重得多，也雅致得多。因为点心里包含着周到的礼数。

老北京人多礼，各种礼仪规矩构成了北京人特有的生活方式，这一点受满族、旗人影响至深。旗人规矩大，讲究多，旗人文化曾经作为京城里上层文化而存在，京城的市民耳濡目染也就形成了一种社会氛围。社会氛围的教化力量是无形的，同时也是巨大的，渐渐地构成了注重礼仪的独特文化，这也正是北京魅力的一部分。在北京的各种礼尚往来中，点心作为一种文化符号充当着非常重要的角色。

清道光二十八年所立《马神庙糖饼行行规碑》中规定，饽饽是“国家供享、神祇、祭祀、宗庙及内廷殿试、外藩筵宴，又如佛前供素，乃旗民僧道所必用。喜筵桌张，凡冠婚丧祭而不可无，其用亦大矣”。这里所说的饽饽就是现在的点心。因为清代刑罚里剐刑中最后致命的一刀叫“点心”，老北京人忌讳这么叫，便随了满族人把点心叫成饽饽，而把制作出售点心的店铺称为饽饽铺。

老北京饽饽铺的经营环境都非常温馨雅静。门面上都会高悬着一块漆金的匾额，上面雕刻着隽永的字号，像什么宝兰斋、致兰斋、芙蓉斋、毓美斋……听起来洋溢着浓浓的书卷气。店铺里的墙壁上悬挂着大幅壁画，内容大多取材于《三国演义》、《水浒传》、《红楼梦》等等文学作品，让顾客感受到生活的浪漫与诗意。存放点心的方式并不像现在糕点店似的敞开了放在玻璃柜台里，而是储存在几口大红朱漆木箱里，顾客随买随取。这一来是为干净，二来可以保护那股浸润了甜蜜的浓郁的奶香气。饽饽铺里的伙计一个个也都体面漂亮，永远剃着锃亮的光头，脸永远洗得非常透亮，布鞋布袜，扎着腿带，透着一种精神气。他们永远都含着笑意，用极温和的低声礼貌周到地问每一位顾客：“您买什么？”仿佛不敢打破店铺里古朴优雅的气氛。

从清末到民国，北京经营汉、满、蒙三种口味结合饽饽店铺叫“大教饽饽铺”，所挂的漆金木牌字号也讲究用汉、满、蒙三种文字写成，可以定制整桌子的成套饽饽。专门经营清真糕点的则叫“清真饽饽铺”，所出售的点心都是用香油和的面。不过稻香村、稻香春等等现在比较有名的糕点店从前可并不叫饽饽铺，而称为“南货铺”或“南果铺”。因为这些店是清末民初的时候才从江南传进京城的。那里面不但卖糕点，还卖江南风味的生熟肉制品、南糖和茶叶。这些店铺出售的糕点老北京人叫做“南点”，和传统的京式点心并不是一回事。不过经过百余年的发展，现如今当年的“南点”早已融入京味儿，成为地道的北京糕点了。

4.

相对小吃五味杂陈的口味，点心的味道要单纯得多——绝大多数以甜为主。一般来说北方人喜欢吃咸而并不大爱吃甜食，可点心为什么又都是甜的呢？个中缘由在于，自古以来人们就发现甜味能激起兴奋感与美好的心境，而在蔗糖从古印度传到中国之前，神秘的甜味更是被文人墨客与高贵的品质紧密联系在一起。所以直到今天，我们都希望日子过得“甜蜜”，都在向往“甜蜜”的生活，而没有说“香喷喷”的生活或“咸香酸辣”的生活的。甜味寄托了人们对于美好生活的由衷期盼，甜味食品也就成了人们敬献给祖先、敬献给大自然、敬献给自己所崇拜的各方神圣的珍品。当然，“心到神知，上供人吃”，撤了供后，这甜蜜的美味最终还是要给活人分享的。

如今，点心的祭祀用途已经极其淡化了，但北京人逢年过节走亲戚看朋友还是习惯拎上两盒点心，结婚娶媳妇也还是要预备上几盘子点心。常言道“礼轻情义重”。这是个甜蜜的传统，是为了表示“点点心意”，也更是为了表示对亲朋好友的敬重，当然也有意无意地维护了自己的体面。尽管只留下一种形式，一个符号，却也维系着我们文化的气脉。

话又说回来，小吃可以当饭吃，可以这顿吃饱了下顿接茬再吃，而点心却不能。因为太甜的东西吃多了反胃，而且传统点心通常油大，吃多了发腻。据说过去饽饽铺雇新伙计有个规矩，柜上的各色点心头三天可以敞开了吃，往饱了吃。说是为了解商品以便给顾客介绍清楚。过了三天，再不许吃。那些来当伙计的小伙子都是穷苦人出身，平日里哪有这份口福？于是，人人撑个肚歪。真过了三天，这些小伙计就再也不想吃，而且一辈子都不想吃了。那么多甜甜腻腻的东西连着吃撑了三天，谁能不腻呀！不吃伤了就不错。所以，吃点心还是浅尝辄止为好。

京城三千碰头食儿

三大钱儿卖好花，切糕鬼腿闹喳喳，

清晨一碗甜浆粥，才吃茶汤又面茶；

凉果炸糕糖耳朵，吊炉烧饼艾窝窝，

叉子火烧刚卖得，又听硬面叫饽饽；

烧卖馄饨列满盘，新添挂粉好汤圆

…………

这首顺口溜说的是老北京的小吃，更是北京人的一种生活艺术。

在早，北京人管小吃叫做“碰头食儿”，因为是正餐以外充饥点补的零食，或者是逛庙会转市场走乏了歇脚时候吃着解闷儿的玩意儿。自在随兴，不用特意为它去下馆子，在哪儿碰上就在哪儿吃。

1.

老北京并没有同时卖各种小吃的综合性小吃店。小吃店的出现多是20世纪50年代末公私合营以后重新整合出来的。比如护国寺庙会前的小吃摊位经过整合成了护国寺小吃店，隆福寺庙会前的摊位整合成了隆福寺小吃店等等。

老北京经营小吃的形式主要有两种：一种是挑着担子或推着独轮车走街串巷吆喝着卖的。

一大清早，城市还沉浸在睡意里，胡同里充满了寂静，几只麻雀“啾啾”地叫着，勤快的清洁工已经开始打扫起夜里飘落的槐树叶。“大米粥嘞，油炸鬼——”的吆喝声就伴着晨曦荡漾在胡同的深处，提醒人们该起床忙活了。

入夜时分，“馄饨喂——开锅喽！”的声音最让胡同里喜欢熬夜的人兴奋，必会披上衣服冲出四合院，等待着那卖馄饨的小贩放下挑子，支起小案板，当面现包了薄皮大馅、挓挲着两片小燕儿尾巴似的馄饨。之后，把一只只雪白的小燕儿推到挑子一头儿那锅永远浸着一只鸡的汤锅里煮熟，连汤带水地盛到碗里，再一个个拉开挑子另一头儿那串小抽屉，取出虾米皮、紫菜和各种调料散在热腾腾的馄饨上……

另一种卖小吃的是撂地摆摊的。通常是在天桥、东安市场这种热闹地方或者各大庙会上。老北京的庙会几乎月月有，天天有，并不是像现在这样每到春节才搞一个。像正月初一是东岳庙、大钟寺庙会，三月初三是蟠桃宫庙会，每月逢七、八是护国寺，每逢九、十、十一、十二是隆福寺，十七、十八是白云观……

庙会是充满了市井风情的热闹去处，既有市民百姓男女老少来采买居家过日子用的生活必需品，也有达官贵人、文人雅士们来猎奇散心。各色人等烧香、采购、看玩意儿。逛累了、逛饿了后总要歇歇脚，点补点儿什么吧？这时候，街道两旁那些个支开布棚架起炉子，摆上板凳、桌案，码上碗筷和调料罐子，拉开架势做生意的小吃摊位可就成了最受欢迎的去处。

要问小吃的品种有多少？我可真说不上来，但我听说过这么句话："京城三千碰头食儿"。到底有没有三千，我不得而知，不过如果您每天吃两三样，吃上一年肯定是不会重样的。您既可以尝尝一块一块的蛤蟆吐蜜、芝麻烧饼，也可以喝上一碗豆腐脑、老豆腐或者扒糕；既可以品味素雅的杏仁豆腐、豌豆黄，也可以狼吞虎咽地吃上几个丰腴的门钉肉饼、褡裢火烧。小吃里不仅有贩夫走卒常吃的市井粗食如炸灌肠、炒肝、羊杂碎，也有达官贵人休闲解闷儿的精细美味如肉末烧饼、奶卷、奶皮花糕、酪干儿……这些小吃可以说是食材丰富，形态纷繁。那口味或绵软或酥脆，或咸鲜或香甜，可以说是味不分南北，食不论东西，"南甜北咸东辣西酸"，千滋百味的朴实美味各展风姿，引诱着每一位碰上它的过客，不管饿不饿都忍不住停下脚步尝上一尝。过去王公贵胄没有下馆子吃正餐的，但却也要想法儿尝尝街面上的小吃。在他们看，品尝这些可以用来消磨时光的零食也是一种乐和。

由于是小本生意，制作小吃的原料大多比较便宜，可制作工艺却绝不含糊。那些做小吃的手艺人不但要精工细作，而且各家有各家的绝活儿，即使是市井粗食也都烹饪得法，引得食客们垂涎三尺。对于手艺人来讲，这么做还不单单是为了谋生，更是一种自尊和自重。"家有万贯不如薄技在身”，尊重自己的手艺，也就维护了自己的尊严，凭着这种自信和自重他们自得其乐，内心也觉得高贵。在这种境界支撑下形成的凝聚了几辈子人心思的手艺，也就真的能留住了几辈子的回头客。

庙会上的小吃摊位相对固定，生意好的甚至可以租上间小门脸儿。不过不管是摊位还是门脸儿，都是一家一户只制作一两个品种，而且往往一干就是几代人。那些小吃摊位的称谓简洁而直白，一般来说也没有牌匾，只是在摊位前扯起块蓝布上绣上白色的字号。他们从不去做广告，他们觉得食客的口碑比广告来得更实在，而自己只要用实诚的心志做出实诚的美味，就够了。

顺便说一句，老北京小吃字号的叫法都是所经营的吃食在前而自己的姓氏在后。比如卖馄饨的叫馄饨侯，沏茶汤的叫茶汤李，烙馅饼的叫馅饼周，做豆腐脑的叫豆腐脑白等等。在老北京的手艺人心目中，自尊是建立在行业尊严基础上的。现在一些所谓张记、王记的叫法是改革开放以后才从南方传过来的，并不是老北京的传统。

2.

北京是一座四季分明的古城，品尝小吃特别讲究时令节气，让身心的节律与四季寒暑相协调。所以什么季节吃什么品种要有一定之规，要随着春夏秋冬的变换而不断轮转。比方说，阳春三月的清晨吃的是温润细腻的豌豆黄；盛夏时节的烈日里喝的是冰凉酸爽的蛤蟆骨朵；秋阳斜照的午后品上盘脆嫩爽利的爆肚仁儿；冬日的暖阳里，一碗滚烫的面茶下肚，浑身上下每一个毛孔会暖融融的。

北京还是一座五方杂处的都市，多民族、多文化的融合渗透到方方面面。这种特色无处不在，即使是一份随性的小吃也汇聚下了汉族、回族、蒙族、满族的各色美味。

在北京的小吃里清真小吃占绝大多数。直到现在，小吃店依然以清真的居多。过去有句话叫“回回手里两把刀，一把卖羊肉，一把卖切糕”，就是泛指回民人家经营小吃的多。这些小吃里当然有切糕，像前门桥头有“切糕马”、后门大街有“切糕王”、天桥市场有“切糕张”，都名扬京城。切糕是用和好的黄米面或江米面嵌上小枣在一个大盆里蒸制而成的。卖的时候要切成一块一块的，吃的时候蘸上白糖，既便宜又管饱。不过清真小吃可远不止是切糕，像果香四溢的百果年糕、酥脆的撒子麻花、清爽的白水羊头、柔韧香醇的牛肉炒疙瘩等等都是清真小吃的代表作。

卖小吃的回民个个干净利索，腰板挺直。信仰的力量让他们体面，让人一看就有个样儿。那些小吃不但清洁卫生，而且制作工艺更是丰富得让人瞠目——蒸、煮、熬、炖、煎、炒、烙、爆、涮、冲……其中的各色炸货更是别具一格，这大概也是受阿拉伯人和波斯人爱吃油炸食物的传统影响。我小时候最喜欢吃的清真小吃糖耳朵就是一种非常别致的炸货。

糖耳朵——多俏皮的名字！听见了就让人想咬上一口。这种清真小吃本来叫蜜麻花，因为形状像人的耳朵而得了这么个俏皮的名字。讲究的做法要用两块掺了碱的宽条发酵面中间夹上一块用红糖和的面，做成耳朵形状的坯子，用温油炸得通透酥嫩了，趁热放在饴糖里浸透浸匀，最后捞出晾凉。记得小时候吃的糖耳朵看上去棕红油亮，吃起来松润绵软，咬的时候得用手托着，不然的话一不留神能掉下来一半——因为太软了呀！不过现在不用担心了。现在许多地方卖的糖耳朵硬的扔到地上都不会碎的。

3.

提起当年东安市场北门的奶油炸糕，现在四十岁往上的北京人个个都记忆犹新。可许多人或许不知道，这种口感松软适度，用精白面和黄油为主要原料的奶油炸糕是典型的蒙古族小吃，是从元大都时就传下来的美味。

记得小时候，逛完了东安市场，都要去北门口的那家小吃店排大队，为的是能趁着热乎劲儿吃上一盘刚出锅的新鲜奶油炸糕。好这口儿的人实在太多，往往是找不到座位，人们只能一手托着盘子，一手举着双筷子，站在那儿赶紧吃。盘子里那十来个丰满圆润、绵软酥嫩的金黄色小圆球散发着含蓄的奶油香，弥散在不大的店堂里，让人闻着心里暖融融的。用筷子夹起一个小金球，蘸上白糖咬上一口，那甜润的奶香能从齿颊香进肺腑，连丹田都感到温热。在短缺经济时代，这可是莫大的享受呀！

4.

驴打滚儿——许多人非常感兴趣的一道小吃。很多人纳闷儿，它怎么叫这么个怪名字？甚至真以为它和驴有什么关系。其实它的本名叫豆面糕，之所以有驴打滚儿这么个“雅号”，仅仅是因为外面裹着一层豆面粉，让人联想起小毛驴在地上撒欢打滚儿后沾了一身黄土。

驴打滚儿最远起源于热河一带，本是关外旗人的干粮。这种小吃又黏又甜，吃到肚子里特别顶时候，而且做成一块一块的，非常适合征战和狩猎时携带，因此深受八旗兵丁的青睐。后来清朝进了关，也就把驴打滚儿带进了北京城，这古老的满族干粮也就衍化成北京特色小吃了。

按照林海音在《城南旧事》里的记述，驴打滚儿的做法是“把黄米面蒸熟了，包上黑糖，再在绿豆粉里滚一滚”。不过因为黄米面产量低，现在很少能见到了。现在通常的做法是用糯米面蒸熟了，擀成片，裹上红豆沙，再在黄豆面里滚一滚，之后切成一块块的。看上去金黄的豆面里一圈乳白一圈棕红，咬上一口，绵软黏香里洋溢着一股炒黄豆特有的香气。

现在的小吃店出售的驴打滚儿味道还可以，只是个头儿太大，一个能有二两重。饭量小的人吃上这么个大黏米坨儿，再想吃别的可就吃不下了。其实人们喜欢吃的东西往往欠那么一点最好，让人一下吃撑了难免也就腻了，何必不做小一点呢？我有一次跟“旅游卫视”去护国寺小吃店拍电视节目，人家特意端上来一盘驴打滚儿，个头只有通常的四分之一大小，大拇指粗细，层次分明，放在盘子里整齐地码放成三角形，一盘正好十个，个个小巧玲珑，秀气可爱。我才知道驴打滚儿也能做得这么漂亮。

5.

说起北京的小吃就不能不提提豆汁儿。能不能喝下去这碗灰绿色的浓汤，常被作为判断一个人是不是地道北京人的标志，因为老北京人号称长着一张“豆汁儿嘴”。的确，用做绿豆粉丝的下脚料发酵而成的豆汁儿味道怪怪的，外地人闻起来就觉得一股酸馊气，抿上一小口忍不住能喷出去。可老北京人爱喝这口儿，而且不分汉、满、回族，也不分贫贱富贵，全都爱喝。过去庙会上是见不到穿着体面的人吃炸灌肠，吃卤煮火烧的，因为那会被人笑话。可不管什么人，都可以大大方方地坐在豆汁儿摊子前吸溜吸溜地喝上几大碗。据说当初的晚清贵胄、“旗下三才子”之一的那桐，经常打发人专门去隆福寺打豆汁儿拿回府里熬着喝。在京剧名伶里，无论是艺术大师梅兰芳，还是身为穆斯林的马连良，全是不折不扣的豆汁儿迷。老舍先生就更甭提了，他觉得“不喝豆汁儿，就算不上北京人”。

许多外地朋友以为豆汁儿是早点，这其实是误解。大早晨的喝一碗搜肠刮肚的酸汤，那肠胃能舒服得了吗？早点喝的是黄豆做的豆浆，而绿豆做的豆汁儿一般都是在下午喝。因为这东西刮油解腻，清理脾胃，最适合做下午茶了。豆汁儿讲究喝的是个“酸、辣、烫”，要从咕嘟咕嘟开着的锅里现舀现喝滚烫的。一碗豆汁儿下去，从五脏六腑直到丹田都觉得甘爽舒坦。老北京人受旗人影响，喝豆汁儿的时候还讲究必得就着个两层皮的白马蹄烧饼夹上个酥脆的焦圈儿，再配上一小碟切得极细的腌水疙瘩丝拌上现炸的辣椒油，边吃边喝。仿佛唯有这么个喝法才最地道。

北京人喝豆汁儿能上瘾，有的人几天没喝就觉得肚子里没着没落的。可外地人往往受用不了这玩意儿。记得护国寺小吃店的李经理给我讲过这样一个故事：2001 年，香港著名艺人张国荣慕名来到这里吃小吃，提出一定要尝尝“北京人的可乐”——豆汁儿。一大碗热腾腾的豆汁儿端了上来，张国荣好奇地尝了一小口，抿着嘴说道：“味道太怪异了！实在有些喝不下去。”李经理介绍说这可是北京的好东西，建议他多喝一些。张国荣请求：“那，你们给我搁点白糖吧！”白糖加了进去，张国荣又喝了一口，抬起头来看着大家甜甜地笑着说道：“哦！酸奶的感觉！”大家都笑了起来。于是问他：“您以后还会不会再来喝？”他说：“肯定会。”果不其然，第二年，张国荣真的来了。

兴许品尝一些特色小吃也需要培养和训练，就像欣赏京戏或者昆曲。乍一听，感觉咿咿呀呀的，听不出什么好来。可听久了，真的听进去了，才明白那确实是典雅、悠然的艺术。

6.

朴素的美味带给人的是一种既实际又不乏精神性的享乐。这种享乐不仅满足了现实的口腹之欲更偏重于一种神情散淡的情趣和自在自得的气度，就类似于有一搭没一搭地把玩一件精巧的小玩意儿，满足了人们对生活之美的欣赏。京城里的碰头食儿曾经是几百年里北京生活的一部分，让人品味到流动着的日子。而这些街头巷尾活生生的生活所展现出的无穷魅力并不亚于那些红墙碧瓦的宫殿。

不过现如今，“三千碰头食儿”中的大部分已无处可寻，尚存的百十来种的境遇也日渐衰微，仅仅变成表达风土人情的景致以满足各地游客猎奇。而为数不多的老北京人对那些似是而非的小吃更多的是说不清、道不明、无法排解的惆怅之情。因为那些令他们依恋的地道滋味唯有故园有，唯有童年有。然而童年和故园已逝，只剩下割舍不得的滋味萦绕在心头，也分不清所恋的到底是滋味还是童年的故园。

饮食风尚真是一个时代精神风貌的准确体现。当下，飞速发展的城市多了许多浮夸少了几分质朴，追求新奇而遗失了实在。在这种大环境中都惦记着靠鲍鱼、鱼翅赚大钱，又有谁会去琢磨那些成本低廉做工繁琐考究的小吃呢？而这恰恰是讲究功夫的北京小吃之风骨所在。

或许，随着社会心态的逐渐平复，那些具有深厚人文气息而又充满人间烟火味道的小吃还能重新走进人们的生活？毕竟，那些美味是多少代人通过自己的生活方式给这个城市留下的宝贵遗产，已经深深融入了这座古城的性格里。但愿怀旧不仅仅是一种无奈的挽留吧！

酱香蕴百味

1.

酱和酱油是做菜或佐餐的调料，一般来说并不直接当菜吃。可用酱和酱油腌制成的酱菜，不仅能装在古朴雅气的小油篓里作为别致的礼物送给亲戚朋友，还可以登上高级宴会的席面。在著名的满汉全席上就专门有一道酱菜四品，分别是麻辣乳瓜片、酱小椒、甜酱姜芽、酱甘露。而这其中的酱甘露可以算得上是北京酱菜的标志了。

甘露，小拇指粗细，螺旋纹路。因为看起来非常像蚕蛹，让许多小孩子误以为是大肉虫子而轻易不敢吃它。其实，它是地地道道的草本植物甘露子的块状茎，又叫草石蚕、宝塔菜、螺丝菜或地轱辘……甘露子能长一两尺高，盛夏时节开出浅紫色的唇形小花，丛丛簇簇的，飘散着淡淡的清香气。秋天到了，金风乍起，人们把那一嘟噜一嘟噜肉虫子似的块茎小心翼翼地挖出来漂洗干净，略微晾晒一下，再用京黄酱的酱稀或者酱上面泛出来的那层酱清儿腌制起来，就成了鲜咸脆嫩、甘美别致的小酱菜了。真个是：

形似虫蛹草石蚕，质脆味甜似蜜甘。

荤素煎炒特色菜，加工酱渍能久藏。

据说庚子年慈禧西行的时候，在路上吃到了老百姓家的酱甘露，赞不绝口。回銮京城以后念念不忘，特意让御厨到前门外著名的酱菜老铺“六必居”专门定制了送进宫里。

除了甘露，酱瓜也是北京酱菜的经典。制作酱瓜非常考究，要把八成熟的鲜嫩香瓜或老菸瓜用盐腌到一定程度，再榨去水分和盐分，浸在酱缸里吸饱了酱汁儿腌着。酱瓜不出数，一百斤鲜香瓜也就能做出三十来斤的成品。腌好的酱瓜咸香浓馥，回味悠长，让人忍不住总想仔细咂摸咂摸那独特的滋味儿。老北京过春节，餐桌上常常有一道精致的配菜叫酱瓜炒肉丝，就是用它作为主料烹调出来的。这道菜和润口的豆儿酱，清口的辣菜丝、蹿鼻子的芥末墩儿组合成压桌四小碟，点缀在过年的家宴上，给丰饶的团圆饭平添了几段快乐而诗意的旋律。

还有把酱芥菜疙瘩加上特制的五香调料熬煮透了做出来的“五香酱疙瘩”，切成筷子粗细的长条，拌上两勺浓香的芝麻酱，咸鲜适口，醇香酥烂，最受牙口不好的老年人待见，号称是老头儿、老太太们离不开的“本命食儿”。

北京人喜欢“八”这个数，在吃喝上也是如此。不但餐厅的字号有“八大楼”、“八大居”，席面上要上“八大碗”，就连这佐餐的酱菜里也有“八宝菜”。不过严格来说它可不是一种菜，而是十来种精细酱菜的组合，可以说是酱菜的精品荟萃了。地道的八宝菜是这么几样：酱黄瓜丁、酱茄子丁、酱扁豆丁、酱甘露、酱花生仁、酱杏扁、酱银苗、酱莲藕片，外加一些切成梅花瓣的酱苤蓝，各有各味，而又相得益彰。八宝菜还分两种，一种是黄酱酱的，口味咸香；另一种是甜面酱酱的，口味咸甜。很多人喝精米粥时喜欢就八宝菜，一碟小菜，五味尝尽，让牙齿体验出不同的愉悦，舌头感受到不同的滋味。

另外，有一种叫十香菜的酱菜，现在很少有人知道了。就是把酱苤蓝切成细丝加上生姜丝。老北京吃春饼卷盒子菜的时候，最地道的吃法是有十香菜加青韭做底衬，配上切成丝的酱肘子和五香小肚儿，咬上一口，那感觉是鲜香兼备，浓而不腻，嫩而不生。有的人家吃打卤面的时候也讲究配上些十香菜。

酱菜并不全是素的，也有带些荤腥儿。卤虾小菜——是用拉秧的小黄瓜配上卤虾腌制成的。就着一碟卤虾小菜即使是喝碗滋润的白米粥，那味道也能鲜香别致。

老北京的酱菜品种非常丰富，什么酱白菜、酱黑菜、酱柿子椒、酱黄瓜、酱姜芽、小酱萝卜、酱豇豆、甜酱瓜，乃至酱花生、核桃、杏仁等等不下百十来种。这么说吧，只要是菜就没有不可以酱的。可虽说都是酱菜，却因为原料的性味不同，纹理各异，细品起来口感风格大不相同。有的咸香醇厚，有的脆嫩清爽，有的咸中带甜……当然，这除了是因为菜品的区别以外，还和所用的酱料以及加工工艺有很大关系。比方说，光是酱渍菜就可根据辅料的不同分为酱曲菜、甜酱渍菜、黄酱渍菜、甜酱黄酱渍菜、甜酱酱油渍菜、黄酱酱油渍菜以及酱汁渍菜等等品种。什么原料用老黄酱，什么原料用甜面酱，什么品种又该用白酱油，用多少，出来的效果千变万化，异彩纷呈。咸胚腌制方法的讲究就更多了，有干腌法、干压腌法、卤腌法、漂腌法、暴腌法等等。

包含着大豆精华的酱，真是种奇妙的食材，不仅可以包容调和各种菜蔬的性情，更可以深入于菜蔬组织的细微之处，发掘出蕴藏于其间的精妙。酱香蕴百味，使用酱和酱油不仅是门艺术，简直是种文化。

当然，酱园子里卖的腌货也不全是用酱和酱油腌出来的，比如深受老百姓喜爱的雪里蕻就是直接用粗盐腌出来的。腌好的雪里蕻脆中带韧，放上泡发好了的黄豆和瘦肉末儿，再加上些一寸来长，用锅爆得骨肉皆酥的爆酥鱼，撒上一把刚泡出嫩芽来的青豆嘴儿，用油煸炒透了，咸鲜无比，可算得上是北京十冬腊月里消寒菜中的细货。普通的咸菜同样能给生活带来乐趣。

酱菜中甚至还有甜品，比如糖蒜，讲究必须要用夏至头三天的紫皮大蒜，在两天里入缸腌制。只有这样腌得的蒜才能不柴不皮，酥爽脆甜。数九寒天，窗外落雪无声，屋子里一家人就着这样的糖蒜涮上一锅羊肉，吃起来才是味儿。

本来是些简简单单的佐餐小咸菜，竟让北京人弄得这般丰盛繁复，这就叫讲究。讲究的吃主儿对于再便宜的食材也会在细节上下足了功夫，把其中蕴藏的美味发掘到极致。讲究是善于找乐儿的生活态度，是追求在有限的条件下全身心感受生活之美，是不需要装出样子给外人看的。讲究和奢华完全是两码事。

2.

提起酱菜，不能不说一说北京前门外那家著名的老字号六必居。六必居创建于明朝嘉靖九年，到今天已有四百七十多年历史了，算得上是京城里历史最悠久的店铺之一。有一首《竹枝词》专门描写六必居：

黑菜包瓜名不衰，七珍八宝样多余。

都人争说前门外，四百年来六必居。

至于这家老店名号的由来有许多种传说。其中一种说法是：这家店起初经营开门七件事中的六件“柴米油盐酱醋”，只是不卖茶，所以叫六必居，而酱菜不过仅仅是经营的品种之一。后来因为他家的酱菜工艺精湛、色泽鲜亮、口感细腻，深受各方顾客喜欢，渐渐地就发展成专门做酱菜了。据说直到今天那匾上的“六必居”三个字依然是明朝著名的大奸臣兼大书法家严嵩的真迹。不过，这三个字却没有落款。这又是为什么呢？

传说当初六必居的东家想请严嵩题字，就买通了严嵩的小妾。可让身为宰相的严嵩给一家名不见经传的小店题字，小妾也说不出口。于是，她灵机一动，天天在纸上写“六必居”这三个字，而且故意写得歪歪扭扭的。一天，严嵩看见了，说道：“瞧你这三个字怎么总也写不好呢？我给你写个样子，你照着练得了。”于是，泼墨挥毫，写下“六必居”三个大字。小妾把这三个没有落款的样板字偷偷送给了六必居的老板，就有了今天的老匾。

六必居的酱菜醇雅咸香，在明清时代就已经是京城家喻户晓的名吃了。那时候，上至达官贵人的豪华宴席，下到贩夫走卒的家常便饭，北京人的餐桌上都少不了六必居的酱菜。无论是一碟酱甘露，或是一块酱疙瘩，也甭管就着香粥喝，还是就着窝头吃，都那么爽口，那么舒坦。于是，那些朴素的小酱菜一直传了五六百年，真可谓是源远流长。

如果说六必居的酱菜是典型的北方风格，那么北京的另一家酱菜老字号天源酱园的酱货可就有些南味儿了。天源酱园起家在晚清同治年间，比起六必居来晚了三百多年。当时的京城里已经有了很多江南籍贯的官员以及一大批为他们服务的随从、跟班，也有不少从江南来京谋前程的才子。市场上各种南货也就成了一种时髦。于是，天源酱园的经营者另辟蹊径，请来了江南师傅，引进了宫廷技法，做起了桂花糖熟芥、酱芽姜等口味微咸偏甜、齿感鲜爽脆嫩的新派酱菜，而且工艺别致，用料考究。有了这份别致和考究，自然能够做出极致的美味来。天源酱园的酱菜一炮打响。同治十三年的状元，江苏苏州籍的陆润庠还专门为他家题写了“天源号京酱园”的金字招牌。传到今天，这种清香溢齿，融进了江南风韵的甜口酱菜早已经成了北京特产。

3.

饮食关乎社会人文，即使是一道小菜也能体现得淋漓尽致。现在，社会生活方式迅速转变，人们的口味也在不断变化。好像是爱吃各种沙拉的越来越多，喜好传统酱菜的越来越少，那些大酒店里的席面上也很少看到酱菜的身影了。不过我想，对于那些讲求养生，晚饭只想喝碗稀粥就一些清淡小菜的时尚人士来讲，朴实的酱菜依然是个不错的选择。毕竟酱菜除了品种繁多，营养丰富，便于贮存等诸多优点以外，那滋味里还蕴涵了几百年的文化积淀。试想，劳累了一天的您回到温馨的家里，听一首舒缓的小夜曲，喝一碗清香的白米粥，品两样咸鲜脆嫩的小酱菜，生活该有多滋润!

美味不一定非得奢华不可。

京城之素

前些日子，我在微博上发了一张老照片，照的是二十多年前的某个冬日寒风中，王府井街头一个不大的小门脸前上百号身穿各色羽绒服的人在排大队，让网友猜这些人在买什么？结果没一个人猜对。也难怪，没有亲身经历过的人怎么想象得到，这百十来人哆哆嗦嗦地冻上几个钟头，既不是为了买火车票，也不是买什么生活必需品，而仅仅是为了买几样过年时餐桌上的小菜。不过这菜倒也确实值得一排，因为这是曾经京城独此一家的全素斋。

1.

老北京人每逢春节的前几天去全素斋排队买素菜的风俗曾经有几十年的历史，即使是在凭本用粮票的短缺经济时代也是如此。

还记得那时候的全素斋在清华园澡堂子斜对面王府井天主堂边的胡同口，门脸儿不大，有着高高的台阶。刚过腊月二十三，天蒙蒙亮，纷纷扬扬的雪花在昏黄的路灯映照下闪烁出清冷的光，教堂旁的便道上就已经排起了一条不太整齐的长龙。人们穿着绿色的军大衣或蓝色的棉猴儿，时不时哆哆嗦嗦地掏出手里攥着的小纸片瞧上一眼。那小纸片上用圆珠笔歪歪扭扭写着一个阿拉伯数码，是排队的人们为了防止加塞儿而自发制作的凭证。看着手中的数码，人们心里充满了期待，捂捂冻僵的耳朵，跺跺发麻的脚，抖落身上的雪花，驱赶一下浑身的寒气，黑棉窝的塑料底敲打在冻着薄冰的水泥地上发出啪啪啪的响声。

人们盼望着，闲扯着，路灯熄了，雪停了，灰蒙蒙的天渐渐泛白，小门脸儿后面忽然传出了鼓风机启动的轰鸣声，门脸里的师傅们上班了。队伍里的人们似乎听到了希望，于是有人高喊一声“快了啊！大家排好喽，别加塞儿嘿！”不一会儿，隐约可以听见后窗户里传出“咕嘟，咕嘟”的动静，几口大锅开始煮素什锦了。

浸润了香菇和冬笋精华的阵阵香风从门缝里蹿了出来，唤醒了人们冻僵了的嗅觉，大伙儿忍不住猛吸两口气提提精神，像是要把那香气吸进肚子里，身上也觉得暖和多了。整条长龙被希望鼓动着开始有些兴奋，坐在路边小马扎上的人赶紧站起来归队，去不远处馄饨侯吃早点的主儿也举着小纸片飞奔回来。大伙儿肩挨肩地你拥我挤着往前凑，生怕买不到似的。随着哗啦哗啦的下板儿声，高台阶上的门开了，长长的队伍有些骚动。这时候，几位壮年顾客会自愿出来维持秩序，一次只放几个人进去。人们纷纷攥紧手中的钱和粮票，等待着挤进那不大的小店。不一会儿，先进去的几位心满意足地手捧着热乎乎的“素鸡”、“素肚”

挤了出来，后面的几位赶紧蜂拥进去，而排在队后面的人只能眼巴巴地继续等待……

这样的景象每年在全素斋门口反复上映着，直到20世纪80年代中期。

2.

全素斋，不就一卖素菜的嘛，怎么能有这么大魔力？这里面有几个原因：首先说，老北京人有正月初一、十五吃素的传统，全素斋的素菜正是这节日素席上的珍品。加上这全素斋是京城独此一家，别无分号，怎能不让人趋之若鹜呢？再有，那个时候副食本上的东西是配给的，早晚都能买到，而全素斋的素菜去晚了可就彻底没戏了。当然最关键的，还得说是那让人想起来都馋的口味——香醇里浸润着鲜甜，浓郁中蕴含着清馨，几十年没变化过。

和许多经典的北京美味一样，全素斋的素菜有着高贵的出身——紫禁城的御膳房。清宫里的御膳房设有荤局、素局、挂炉局、点心局和饭局。荤局主做大鱼、大肉、海鲜为原料的各色荤菜，挂炉局专管烧烤菜肴，点心局负责包子、饺子、烧饼以及各色糕点，饭局则专门熬粥做粥饭，而素局则是专门烹调各种“斋戒”时用的素馔。光绪初年，有个憨厚中透着机灵劲儿的小伙子进了御膳房的素局当了学徒，他就是日后全素斋的创始人刘海泉，那年他十四岁。

素食的材料本身没什么味道，要把这无味之味烹调得令人陶醉，全凭心思和手艺，稍微马虎一点就做得平淡寡味。六年的学徒生涯里，刘海泉不仅手脚勤快，而且肯用心思琢磨，很快掌握了做素菜的技艺，渐渐成了素局的主力。又过了几年，竟然担当起专门给慈禧做素菜的重任。

御膳房的素菜来源于南方的寺院，不怎么用时令鲜蔬，而惯常用三菇六耳、冬笋、腐竹等等南派原料，口味也相对偏甜。刘海泉琢磨着，这太后老佛爷是北方人，相对来说口味比较重。于是就尝试对菜肴的烹饪手法进行了改进，少放了糖，多加了北方人爱吃的酱油，做的时候还添了花椒、大料、茴香、桂皮等等提味的小料，把蕴藏于原辅料中的鲜香之味发挥得淋漓尽致。不仅如此，他还练就了一手拿手绝活——素菜荤做，做出的素菜看上去和荤菜一模一样，什么红烧海参、醋熘黄鱼、香酥鸭子等等看着跟真的似的，那扒鸡的皮上连毛孔眼都看得清清楚楚，可动筷子一尝却让人大吃一惊——这些鸡鸭鱼肉敢情全是素的！这怎不让吃腻了大鱼大肉的慈禧拍手称奇！日久天长，这种兼容与创新的素菜竟然自成了一派。

庚子年，八国联军打进了北京城，慈禧太后带着光绪跑到了西安，原来紫禁城里那帮伺候皇上和太后的服务人员也就没了营生，只好是各奔东西自谋出路，刘海泉也不例外。他靠着自己的手艺，先是在一座寺庙里给和尚做了三年斋饭。后来索性挑摊单干，十冬腊月里来到东安市场租了个摊位，卖起了素菜。

当时北京开大买卖的才有牌匾字号，做小生意的置办不起。那怎么称呼呢？有这么个规矩，就是把所卖东西的名称放前头，把自己的姓氏放后头，写在摊位前的蓝布帏幔上，比如：羊头马、馄饨侯、豆腐脑白等等，那么刘海泉的摊位自然就叫成“全素刘”了。

按照老北京的风俗，正月初一、十五要吃素，通常百姓人家所吃的素无非是在豆腐、粉丝、白菜、萝卜里找，可大过年的吃这些总觉得有点委屈了自己。这全素刘的素菜所用材料可不是萝卜、白菜，而是香菇、平菇、草菇、猴头菇、冬笋、木耳、银耳、玉兰片等等细料，以及油皮、腐竹、千张、饹馇等豆腐制品，还有上好的白面“洗”出来的面筋。蘑菇和笋，以及黄豆芽熬的汤汁号称是素食鲜味三霸，烹饪得法味道赛过鸡汤，况且这实实在在的手艺毕竟得了御膳房的真传，所做的素肴无论是放料的数量配比、先后顺序还是收汁的时间把握都属于独门绝技，不仅选料考究，而且加工精细，来逛东安市场的平民百姓有几个尝过这样别致的美味?

出奇制胜的全素刘一炮打红，每天大清早儿摊位前就排着长队，等候着刘海泉挑着的挑子晃晃悠悠地走来。那挑子里装满了他头天夜里在家精心制作的各色佳肴——“小肚”、“扣肉”、“香酥鸡”、“炸排骨”、“熘鱼片”、“烧肝尖”……别看菜名全像荤菜，可材料却是货真价实的素品。不过这些素品看上去却足以假乱真，不但外形是整只的鸡鸭，整条的鱼，而且即便切开了码在盘里也跟真的似的，号称是“鸡吃丝，鸭吃块，肉吃片，鱼吃段”，真个是色、香、味、形皆佳。这样的菜肴太适合烘托过年的气氛了！谁能不图个吉利买回家去?

全素刘的素肴品种丰富，什么卤菜、炸货、卷货样样俱全，既有和烧饼价钱差不多的素炸虾、素香鱼、素肉松，也有略微贵些的素烧牛肉、素火腿、素肘子，还可以包办四压桌、四冷荤、四炒菜、四大件，鸡、鸭、鱼、肘齐备，号称“四四到底”的整桌素席，照顾到了各个层次的消费者。当时北京人只要经济上稍微过得去，都来买他的素肴。全素刘的生意越做越红火，不但老百姓好这口，就连僧尼们宴客、豪门办白事、商贾斋戒都得请全素刘置办素斋。1936年，已经誉满京城的刘海泉专门请人提了匾额，正式挂出了“全素刘”的大招牌，两旁还各有四个小字：“四远驰名”，“只此一家”。

然而好景不长，1937年，日本鬼子占领了北平，老百姓连棒子面都吃不上了，谁还吃得起这本来就精细的素菜？全素刘的生意萧条了好一阵子。

新中国成立以后，老百姓过上了好日子，全素刘的素菜摊位也又一次红火起来。每天做多少卖多少，一日售罄。1953年，“全素刘”正式更名为“全素斋”，不久还搬出了东安市场里的小摊位，在八面槽专门开设了前店后厂的店铺。门脸儿虽说不大，可每天从早到晚，顾客川流不息。多少年来，尽管全素斋在八面槽附近换了几次地址，但不变的是每年春节前排在门口长长的队伍，还有那御膳房传出来的既有北菜料重味醇的风格，又兼具南菜鲜甜浓馥特色的美味素肴。

全素斋的素菜，素得是味儿，素得实诚，素得不矫揉造作，而且从来没有在店堂里吃的，都是顾客买回自己家去享用，因此有着非常广泛的群众基础。北京各个阶层、各种信仰的人没有不好这口儿的。我至今记得小时候最爱吃从全素斋买回来的素小肚，外边裹着一张豆皮，切开以后，清白色的粉冻儿里镶嵌着各种蘑菇，白的像肥肉丁，棕色的像瘦肉丁，切上一小片咬上一口，那甘沃鲜腴的味道萦绕于唇齿，至今难以忘怀。

也不知是什么时候，大概是20世纪末吧，王府井大街拆迁改造，全素斋连同它曾经创造的神话在这条街上消失了，北京城里再没有发现全素斋的专门店。尽管那些素菜仍然可以见到，但仅仅是在一些超市里卖的从真空塑料包袋里倒出来的凉货，而且品种比从前少了许多。尽管据说配料、调料和工艺都没有什么变动，但我问过许多曾经排队买过全素斋的北京人，都觉得口味比原来差多了。也许是现在人们生活好了，嘴变刁了？我说不清。不过，那冬日里从怀里掏出来的热乎乎、香喷喷的素菜却至今令人魂牵梦绕。

老北京确实有几家很不错的素菜馆可以在店堂里吃，像前门大街的功德林，宣武门内大街的真素斋，还有香积园、宏极轩等等都曾一度名满京城。不过现在好像只剩下功德林了。至于现在那些新开的新派素菜馆和老店并不是一个路数。那些新店玩的是概念，似乎更注重店堂、餐具的感官效果，至于菜品，往往注重外观码盘是否靓丽夺目？名字起得是否花俏？而对于如何发掘出素食本身的真味却放在其次，让人感觉有种矫情和做作。如果哪位闭上眼睛一尝，会发现几个菜好像全一个味儿。我是觉得，菜肴是应该体现某种思想，不过那些思想应该蕴藏在菜的味道里的，而不是强加在形式上的，更不是贴在名字上的标签。

送君一壶香片

出了门儿，阴了天儿，

抱着肩儿，进茶馆儿，靠炉台儿，

找个朋友寻俩钱儿。

出茶馆儿，飞雪花儿。

茶馆，北京一个时代的缩影，经过老舍先生的笔，凝聚了人艺众多艺术大师的心血，半个世纪以来在舞台上长盛不衰。茶馆里那些百年前的达官显贵、遗老遗少、贩夫走卒，三教九流们你方唱罢我登场，展现给世人一幅活生生的老北京生活画卷。

1.

自打清末到民国的百十来年里，北京的茶馆就像一个小社会，汇聚过京城里的各色人等。既有八旗后裔、官府差役，也有文人雅士、梨园名伶，还有商贩、工匠乃至地痞流氓。不管他们属于哪个社会阶层，都洋溢着一种只有北京人才有的精气神儿，也使茶馆成为最能反映北京社会风貌的场所。

老北京茶馆的多种多样，说起来有大茶馆、清茶馆、书茶馆、棋茶馆、野茶馆等等。而最具京味儿的就得数《茶馆》所展示的那种大茶馆了。三五间门面，七八间的进身，木板招牌上刻着“毛尖”、“雨前”、“雀舌”、“大方”等各种茶的名号。厅堂里摆放着擦得锃光瓦亮的擦漆八仙桌和四方武凳。后堂和两侧厢房专设雅间。柜台旁边的炉台儿上有一把五六尺高的红铜大搬壶，壶中的水始终呱啦呱啦地开着，为的是随时给客人沏茶。

北京人沏茶讲究用滚开的水，而且沏上后还得盖上盖多焖一会儿，掀开盖得能看得见颜色，图的是喝个酽。茶馆里的茶具无论瓷粗瓷细，一律得用盖碗儿。那盖碗的盖子，一来是用来拨拉茶汤上漂浮的茶梗、茶叶，二来是为了遮口。在北京人看来，让人家瞧见尖着嘴吸溜吸溜地喝是非常不雅的。而端着盖碗优雅从容地喝，那才叫有范儿。

大茶馆功能齐全，气氛热闹。从大清早儿开业到掌灯之后上板儿休息，走马灯似的光顾着各色主顾。最早进来的客人往往是衙门里的官员和差役，他们是来这儿吃早点的。沏上碗酽茶喝通了，再要上碟点心，边吃边聊，之后去各衙门当差上班。

紧跟着这拨主顾进来的大多是遛早或练功回来的旗人。根据清朝的规矩，旗人有固定的钱粮俸禄，但是不许经商做事，而且为了防止“沉丝竹之乐，失弓马之强”，在四九城内连戏园子都不许有。所以许多旗人如果没有在衙门里当差或当兵就只能闲着没事泡茶馆了。这些位爷在茶馆里最大的消遣就是会朋友侃大山—— 一只手要托着盖碗，另一只手用盖子挡着嘴悠闲地喝着，从康熙爷的武功侃到乾隆爷的文治，从铁帽子王侃到刘罗锅儿，搜寻着缥缥缈缈的记忆深处那些祖宗们的荣耀，他们觉得舒服、自在。渐渐的，这已经成了旗人的生活方式，即使后来破落了，也是依然沉浸其中。旗人是茶馆里的常客，他们可以在茶馆里神聊海哨地溜溜消磨一上午，中午观照堂倌一声“帮爷把茶具先扣桌子上”，然后回家吃饭休息，盯到下午两三点钟的时候再杀个回马枪，接茬儿来茶馆消遣。

不过来泡茶馆的可不只是旗人。其实老北京人不管是文化名流还是官吏商贾乃至平民百姓都习惯了那种不紧不慢的生活节奏，他们骨子里就浸润着一种随意散淡，追求一种并不铺张的享受，而茶馆的氛围再合适不过了。

北京人喝茶，喝的是个安逸自在，喝的是个闲适散淡，并不是一件正儿八经的庄重事。白天，普通市民逛街逛庙之后也会经常到大茶馆喝碗茶歇歇脚，如果饿了，还可以要上份艾窝窝、糖耳朵或喇叭糕等特色小吃点补点补。傍晚，城里各大商号里忙活了一天的掌柜们回家之前会顺便到大茶馆里松松心，同时也探听探听行情和市场需求。当然，像张恨水那种文人雅士和马连良那样的梨园名伶来茶馆体验生活的也不在少数。那时候的茶馆不设最低消费，即使平民百姓天天来这点个卯也不会有太大的压力。对于那些来茶馆找主顾的工匠和手艺人，花极低的价钱也能坐上一阵子。如果哪位茶客要在这儿耗上一天，中午还可以叫上几份干炸丸子之类的简单小菜或是来上一碗烂肉面。而那些既卖茶点又卖酒菜的“二荤铺”甚至经营来料加工，号称“炒来菜”，确实为顾客提供了极大的便利。而且相对来说，泡茶馆比去饭庄、酒楼更便宜，也更自在。所以大茶馆在北京曾经红极一时。最出名的大茶馆有京城八大轩，什么北新桥的天寿轩，前门大街的天全轩、天仁轩、天启轩，阜成门内的天福轩、天德轩、天颐轩等等，而地安门外的天汇轩号称八大轩之首。

有一类叫红炉馆的大茶馆，是专给讲究人预备的。那里设有炉灶现烤现卖各种大、小八件儿满汉点心。就着一碗滚烫的香茶，热热地品上一块刚出炉的翻毛饼或幅儿酥，那份酥香浓郁怎是街面上饽饽铺能比?

2.

和既卖茶点又卖烂肉面的大茶馆不同，清茶馆里只卖茶。不过清茶馆并不清静，因为来这儿喝茶的多是提笼架鸟的遗老遗少和城市闲人，他们到这里图的未必是茶，而主要是玩鸟。这些位爷每天清早起来，必是先提着鸟笼子奔了城外，遛鸟打拳，呼吸新鲜空气，等到人和鸟都精神了再飘然若仙地晃悠着鸟笼子走进清茶馆，把笼子往棚竿上一挂，一边喝茶，一边听鸟哨。

带到茶馆里的鸟绝大部分是笼养的，比方说画眉、百灵、红子、黄雀儿、靛颏儿……而且不同的鸟得用不同式样的笼子。因此即使那笼子用蓝布罩着，只要看一眼笼子，就能知道里面养的什么鸟。

金黄色的黄雀儿小巧玲珑，鸣叫起来“嗒嗒嗒”的，宽厚、响亮，还能学喜鹊、油葫芦的叫声。画眉的叫声高亢，学什么像什么，无论是天上飞的，地下跑的，草里蹦的，河内浮的，但凡画眉能听见的声响就能学像了，然后随心所欲自由歌唱。与画眉的随性不同，发音清脆的百灵讲究必须按顺序叫出“十三套”，模仿出家雀儿、山喜鹊、红子、群鸡、胡哨、小燕、猫等等十三种不同的动静儿，不能疏漏，也不能重复。要是错上一点儿，鸟不算是好鸟，那养鸟的人也丢面子。而这面子，是这些位爷最在意的事。百灵的驯养可不是件容易事，不但要有钱买鸟买笼子，还得有闲工夫伺候着，规矩之多，过程之繁琐非深爱此道的人不能受用。

鸟中的极品当属靛颏儿，这种鸟原本是皇宫大内的御用珍品，后来经遗老遗少传到民间。那些玩靛颏儿的人甚至能说出哪一年，哪只靛颏儿是经过怎样的周转进了哪座王府，哪个宅门。如果哪位爷提着靛颏儿笼子进茶馆，那笼子可以直接放在桌子上，而其他鸟的笼子要么放在地上，要么挂在棚竿上。所以北京专门有句歇后语叫“靛颏儿笼子养百灵——没台儿啦”。

靛颏儿手掌大小，身材俊俏，腿细而修长，土褐色脊背，黑亮的小豆眼上方长着细细的白眉毛，胸脯子上有黑色和淡栗色两道宽带。靛颏儿又分红蓝两种，红靛颏儿的咽喉部位的羽毛鲜艳似火，宛如映衬着一抹落日残阳，蓝靛颏儿的下颌部分则仿佛镶嵌着一颗璀璨夺目的蓝宝石。

比较而言，蓝靛颏儿要比红靛颏儿还要金贵，堪称是鸟中的精灵。据说一只上品蓝靛颏儿的价钱相当于一头牛。玩红靛颏儿的往往还会斗鸟比个高低，而养蓝靛颏儿的只要揭开笼罩亮亮相，茶馆里已经蓬荜生辉了。蓝靛颏儿能模仿许多种声音，能学公鸡打鸣、母鸡下蛋、能学山喜鹊叫，能模仿蛐蛐声，油葫芦声，甲壳虫振翅声，甚至能模仿滚铁球、敲冰盏的动静。打开笼门，这小精灵能从主人的手上啄小虫子吃。若是蓝靛颏儿振翅而鸣，那圆润委婉的妙音仿佛穿云破雾来自九霄云外，虽然声音不大，但悠扬的韵律保准让茶馆里满座皆惊。

清茶馆里永远是茶香鸟语，即便是雪花飞扬的寒冬三九，这里也洋溢着盎然春意。在这儿，茶客们惬意地喝茶，专注地聊鸟，越聊越深刻，越聊越亲切，大家伙儿全身心沉浸在茶与鸟的世界里。不知不觉间，人和鸟也似乎已然相互感应，彼此共鸣了。

这些来自旷野的骁勇民族的子孙，怕是早已厌倦了硝烟和争斗，而把全部精神寄托于遛鸟、品茶等等艺术般的生活之中，渐渐的，花鸟鱼虫被他们衍化成精致的文化。即使祖先遗留下来的地位和财富早已灰飞烟灭，但在他们的魂魄里，那份贵族特有的尊傲却始终挥之不去。他们每一根毛发上洋溢着爷的范儿，充满着无限的文化自豪感，那托着鸟笼子的感觉就像李天王托着玲珑塔，又仿佛高举着祖先遗留下来的光环，任时光飞逝，超然傲视着街面上那些行色匆匆的暴发户。

养鸟，毕竟是需要既有钱又有闲的，还需要搭上无尽的功夫。然而社会的动荡让持有这种爱好的人日趋减少。需求决定供给，清茶馆也就渐渐淡出了北京的社会。但另一类茶馆却长盛不衰，这就是一边喝茶一边听评书的书茶馆。

3.

醒木一块、手绢一块、折扇一把，说不完上下五千年兴衰，道不尽人间悲欢离合。茶客们沏上一壶酽酽的香茶，听上一段曲折生动的故事，品味着盖碗中弥漫出的从容情韵，体会着和那香茶同样浓酽的华美与悲哀，皇城子民的享受莫过于此。

相传柳敬亭在康熙元年到北京各个王府里说书，收了徒弟，给京城留下了说书、听书的种子。最早说书的仅仅是在街边支个棚，摆个场子，叫做“撂地”。到了光绪末年，专门说书的书茶馆逐渐兴盛起来，民国时期达到鼎盛。据评书大师连阔如描述，最兴盛的时候北京共有七八十家书茶馆。其中最大的要数天桥西南巷路西的福海居，室内宽阔，能摆放三百多书座。因为他的旧主人姓王行八，于是被茶客们送了个不太雅的雅号“王八茶馆”，渐渐的它的大号“福海居”倒无人知晓了。

大的书茶馆是正方形的，有专用的说书台，台的周遭还装有矮栏杆。茶座是黑漆八仙桌、黑漆板凳，像是个小剧场。小的书茶馆比较简陋，基本上就是三间屋子一通连，一头设个台，台前紧靠台桌的地方是被称作“龙头桌”的长桌，两旁摆着长板凳，靠窗户的地方再摆些桌子板凳，仅此而已。书茶馆开书之前也卖清茶，开书以后再来的客人就得交“书钱”了。一般每天说书两三场，三点到六点叫“白天”，七点以后直到深夜叫“灯晚”，有的茶馆在一点到三点还加“早儿”。

茶馆里所说的书有《三国》、《两汉》、《隋唐》等等讲历史的袍带书；有《精忠岳传》、《英烈》等等论英雄的长枪书；有《水浒》、《七侠五义》等等说侠义的短打书；还有《西游记》、《封神榜》、《聊斋》等神怪书。不管什么书，都是故事曲折动听，形象鲜明逼真。茶客们喝着热气腾腾的酽茶，听热热闹闹的评书，领略着其中的“大义微词”，沉浸在刀剑铁骑，飒然浮空的境界里，时而感受狂风怒号，苦雨泣诉；时而体会鸟鹊悲鸣，群兽惊骇。玩意儿是假的，但情理却是真的。或正笔、反笔，或伏笔、暗笔、倒插笔，让人听得是不知今夕何夕兮，此身又当谁属？正在入神时，说书人醒木一拍，“欲知后事如何”？顿一顿，“啪”的一声，“且听下回分解”。得，第二天您还得接着来听。一部书听下来怎么也得两三个月。每天来听书的不仅是那些有钱的闲人，也有不少是普通的市民百姓。因为从前娱乐方式少，听书毕竟比听戏要经济实惠，而且听书不仅能娱乐消遣，还能学到文学和历史知识乃至人生经验，甚至能让穷人家的孩子多知道些世路，因此受到社会各阶层各年龄段的普遍青睐。

据说评书里最难说的当属《聊斋》，那些没有厮杀争斗的鬼狐故事，不是情爱就是悬疑。说雅了一般听众听不进去，说俗了又失去了原作的意味。而评书大师陈士和先生却能说得相当地道，不但是字清口净、语重声洪，而且用通俗的语言让听众遨游于鬼狐和人世之间。陈先生深受京城书友的爱戴，也与北京的听众结下了深厚的友谊。以至于后来他去天津说书，一次偶尔回到北京，临走之前说《胭脂》，念上场诗最末两句：“好景一时观不尽，天缘有份再来游”的时候，醒木一拍，半晌无语，竟然引得全场听众鼻子发酸，潸然泪下。新中国成立以后，陈先生成为文史馆员中第一位曲艺艺术家，并在1953年的第二届全国文代会上表演《梦狼》，被周总理称赞为老英雄。

书茶馆在北京存在的时间最长，直到“文革”才彻底消失。幸好近些年又逐渐恢复了。前年夏天，我在后海银锭桥北鸦儿胡同的小巷深处发现了一家很不错的书茶馆，听了段地道的《封神榜》。品一杯清茶，遨游于天上地下与人世间，伴随着那若有若无的幽幽荷香，恍若隔世。

4.

提到茶馆，当然要聊聊北京人爱喝的茶。属于北京的茶是茉莉花茶，就是用绿茶茶坯经过茉莉花窨制而成的茶，在早也叫香片。张爱玲有篇著名的中篇小说叫《茉莉香片》，说的就是这种茶。

南方人认为北京人不会品茶，这种说法有些道理。过去北京人是没有用一大堆小碟子小碗儿喝功夫茶的，就连喝龙井、碧螺春这类绿茶的都不多。即便喝龙井，也要往上面撒上几瓣新鲜的茉莉花，美其名曰“龙睛鱼”。这在南方人看来是用花香夺了茶的真味，简直不可理喻。然而北京人这么做自有他的道理。因为过去北京人饮用的是井水，水质偏硬而且甜水不多，用这种水泡绿茶是糟蹋东西。而芳香馥郁的茉莉能使原本苦涩的茶水一下子变得美妙如甘露，因此备受北京人的青睐。

许多老北京人非花茶不饮。觉得只有花茶才算作“茶”，甚至把茉莉花叫成茶叶花。每天早晨洗漱完毕，首先要沏上一壶茶，讲究得把茶喝通透了，喝得后背微微冒汗，浑身舒坦了才悠闲地出去吃早点。这曾经是北京人一种特有的生活享受。可惜现在好这口儿的人越来越少，以至于很多年轻人不知道花茶是什么。我前两年一次去某餐厅吃饭，服务员问：“喝什么茶？”我说：“花茶。”不一会儿，人家把冲泡的菊花端上来了，弄得我哭笑不得。

茉莉香片的也分三六九等，什么“蒙山云雾”、“双窨梅蕊”、“铁叶大方”等等，近年来比较时兴的还有“茉莉大白毫”、“茉莉毛峰”，品相和价格相差悬殊。上好的香片必须选用最好的茶坯，选用七八月间半含半放的茉莉花瓣，经过几窨几提熏制而成。盛夏时节气温高，光照足，茉莉花苞最饱满，香气最浓郁。用这样的花苞窨制，使得茶浸花香，花增茶色，茶与花充分交融，色与香浑然一体。用滚开的水沏上一杯，闷上一会儿，打开杯盖，顿时满室馥郁芬芳。看那明净的茶汤上几瓣洁白的花蕾舒展开来，抿上一口，一缕香而不浮的茶汤直沁心脾，既保持了茶的甘洌清爽，又彰显了花的鲜灵芬芳，酽酽地喝上一杯，心灵为之涤荡，不醉才怪！

皇城下的北京人沉醉在这花香茶韵里，神情散淡地阅尽世事变幻，活得朴素、宁静，却不失尊严，一晃几百年过去了。

花茶中有个特殊的种类叫高末儿，或叫高碎儿，也有人管它叫茶芯儿。高末儿很便宜，寻常百姓都买得起，可以说是物美价廉的享受。不过如果觉得高末儿是做花茶的下脚料或是茶叶铺里卖剩下的茶渣子凑到一块堆儿那可就错了。高末儿是在花茶的制作过程中特意把各种花茶的碎叶搅拌在一起，再经过二次炒制而成的一个品种。高末儿也有品级之分，如果您仔细观察好一些的高末儿，会发现那其实是一颗颗茶芯儿和小芽。可以说高末儿是集合了各种花茶的精华。因此，高末儿是香气最高的花茶。不过高末儿有个弱点，就是不禁沏，抓一大把放杯里，顶多也就沏上三回。头一回那香气浓得能蹿进您的鼻子直奔肺腑，待到再续水时，那香气已淡了许多，舌尖上也略感微微的苦涩。如果喝到第三杯，就基本平淡如水了。所以高末儿顶多喝两杯，这倒应了《红楼梦》里妙玉的《茶经》："一杯为品，二杯即是解渴的蠢物……"有人说喝高末儿能上瘾，其实一点也不夸张。道理在于高末儿汇聚了众多花茶的浓香于一炉，滚开的水沏上，浓烈得令人熏熏欲醉不说，而且特别出酽儿，即便是再好的茶也出不来这个效果。至于不禁沏嘛，多放几回茶叶也就是了。因此，那些举着把儿缸子自得其乐地喝高末儿的人会不断往缸子里续茶，喝到最后，茶叶竟比水多。

5.

说到便宜，还有比高末儿更便宜的茶，那就是著名的大碗茶了。我小的时候早已没了茶馆，公园里、商店旁的大槐树底下随处可见的是支张小方桌，上边摆放着两三排大粗蓝边白瓷碗，碗里晾着茶的茶摊儿。当时的北京人不管是逛街的还是出门办事，走得筋疲力尽口干舌燥的时候，就在这桌旁的小方凳上一坐，或干脆就在桌前一站，只需花上二分钱，就能端起一碗茶咚咚咚地一气猛灌，那叫一痛快！论真了说，大碗茶已经不能算是传统意义上的茶了，大碗茶既不是沏出来的，也不是泡出来的，而是用大桶煮出来的，倒到碗里见不到一点茶叶，至于味道，也仅仅是淡淡的有些茶味儿而已，还透着点苦涩。喝这口儿您不能讲究，只能将就。不过要知道，这可是当时北京最大众化的饮料。正像李谷一在歌里唱的“世上的饮料有千百种，也许它最廉价，可为什么？它醇厚的香味儿，直传到天涯……”

当时喝大碗茶长大的人，现在早已遍布全世界，其中许多经过艰苦拼搏已经成了业界精英。我敢说，如果今天在那些个高档社区或写字楼前，有人摆上一个大碗茶摊儿，肯定会有人冲下高级轿车，端起那粗糙的大碗一饮而尽。因为，令他们魂牵梦绕的并不是那微微有些苦涩的茶味儿，而是深藏于那茶味儿背后挥之不去的记忆，那里凝练了岁月的甘甜与苦涩。

后　记

2009年最末一个月，我来到三联书店，从责任编辑张荷老师手里接过了《京味儿》的样书，当时的感觉可谓是喜忧参半。喜的是能够在文化人心目中的殿堂出版拙作，算是了却了一桩夙愿；忧的是这么一本从内容到语言都具有很强地域色彩的小册子能有多少人喜欢看？毕竟，地道的北京人现在不多了。

转眼两年过去了，这本小册子带给了我太多的感动。

曾有一位江南读者按书中的方法亲手腌了腊八蒜，才相信蒜真的可以变得绿如翡翠。尽管她很少享用书中的那些吃食，但她说她喜欢字里行间流露出的味道。曾有一位留洋博士回北京探亲一周，在最冷的一天顶风冒雪穿越了大半个北京城，只为能和我见上一面。因为这书让她在欧洲想起了中学的时光，想起了小时候妈妈做的饭。更有我素未谋面的台湾著名作家叶怡兰女士由于心折于本书“字里行间款款流露出的那些生活样貌与情致况味”，将本书推荐给博雅书屋出版了繁体字版，让宝岛上的读者也体味到北京生活之乐、之美、之独树一格。

而北京人对《京味儿》的青睐就更不必说。仅举两例：有一位小伙子买了二十多本作为春节礼物送给他身边的朋友，并在节前特意赶来送给我一件他亲手制作的艺术品—— 一片镶嵌在精美相框中的秋叶，后面还题写了自己作的小诗。还有一位老者特意打电话给我说 ：“这本书让他找回了年轻时的感觉，现在天天陪老伴儿按书里写的菜做饭吃。”那声音激动得有些发颤……

事实证明喜欢《京味儿》的并不仅仅是北京人，也有东北人、上海人、广东人、台湾人、香港人乃至长期生活在海外的中国人。他们当中的有些人仅仅来过北京一两趟或者从没来过，而对于书中所描述的那些吃食，甚至压根儿就没听说过。可这些并没有妨碍他们喜欢这本小册子。

我觉得，人们热爱生活，因为生活是不可复制的。即使是同一个地方的人，对于生活的体验、感受和品味也不尽相同。如果说《京味儿》引起了人们共鸣，那只能说在读者的生活中也有着某种类似的东西。这种东西也许不是美食本身，甚至也不仅仅是北京人所特有的生活态度和对于固有习俗的坚持，而应该是书中无所不在的那种对渐渐消逝的城市原生文化的眷恋吧?

伴随着城市高楼大厦的林立和常住人口数量的急剧膨胀，许许多多固有的原生文化在逐渐消逝。原本抬眼能见的老建筑不见了，原本习以为常的老味道消失了。人们留恋那些往事，那些故人，更留恋那些打小儿就浸润于衣食住行之间，并潜移默化影响自己一生的文化习俗。这种情感、这种文化，从来都是和吃食瓜葛在一起的。回荡于唇齿之间的不仅是儿时的美味，更是对纯真年华和温暖亲情的记忆。尽管各地人们喜好的吃食不同，但这份情感是相通的。

人们最爱吃的东西，是他小时候吃过的东西；而吃得最舒服的那顿饭，必定是和最亲近的人在一起享用的。不管是北京人、上海人，还是台湾人、香港人，都如是。

于是，在众多读者的鼓励和期盼下，我再次不停地敲击键盘，写下了这本《京味儿食足》——为着我无限眷恋的北京，就算作《京味儿》的姊妹篇吧！

至于为什么写成“食足”而不是“十足”呢？我想既然可以说“丰衣足食”，也可以有“酒足饭饱”，那么对于一本写吃的书，叫做“食足”也未尝不可吧。而对于北京的吃食，这两本小册子的内容加起来也不过是“牛的一毛”，着实离“十足”相去甚远。

如果您捧着这本书来到北京城，希望寻找书中的美味，可能会发现有些还在，但有些确实无处寻觅了。那么，您也别遗憾。其实是否品尝到某种大菜小吃并不重要，重要的是体味到那淡淡的人间烟火中所蕴藏的浓重味道——童年的滋味，故乡的滋味，家的滋味。如能品出这些，一碟麻豆腐与一碗阳春面，抑或一份卤肉饭又有什么区别呢？

借此机会，郑重感谢生活·读书·新知三联书店为这两本书的出版发行所付出的辛苦。衷心感谢本书的责任编辑张荷老师，假若没有她的努力，我不可能拥有如此众多的读者。衷心感谢我亲爱的读者们，是你们的真诚和期望，激励着我继续写下去。

崔岱远

2011 年冬夜于北京